# Os segredos das palavras

FUNDAÇÃO EDITORA DA UNESP

*Presidente do Conselho Curador*
Mário Sérgio Vasconcelos

*Diretor-Presidente / Publisher*
Jézio Hernani Bomfim Gutierre

*Superintendente Administrativo e Financeiro*
William de Souza Agostinho

*Conselho Editorial Acadêmico*
Divino José da Silva
Luís Antônio Francisco de Souza
Marcelo dos Santos Pereira
Patricia Porchat Pereira da Silva Knudsen
Paulo Celso Moura
Ricardo D'Elia Matheus
Sandra Aparecida Ferreira
Tatiana Noronha de Souza
Trajano Sardenberg
Valéria dos Santos Guimarães

*Editores-Adjuntos*
Anderson Nobara
Leandro Rodrigues

Noam Chomsky
Andrea Moro

# Os segredos das palavras

Tradução
Gabriel de Ávila Othero
Sergio de Moura Menuzzi

Título original: *The Secrets of Words*

© 2022 Valeria Chomsky and Andrea Moro

Todos os direitos reservados. Nenhuma parte deste livro pode ser reproduzida de qualquer forma por qualquer meio eletrônico ou mecânico (incluindo fotocópia, gravação ou armazenamento e recuperação de informações).

© 2023 Editora Unesp

Direitos de publicação reservados à:

Fundação Editora da Unesp (FEU)
Praça da Sé, 108
01001-900 – São Paulo – SP
Tel.: (0xx11) 3242-7171
Fax: (0xx11) 3242-7172
www.editoraunesp.com.br
www.livrariaunesp.com.br
atendimento.editora@unesp.br

Dados Internacionais de Catalogação na Publicação (CIP)
de acordo com ISBD
Elaborado por Odilio Hilario Moreira Junior – CRB-8/9949

| | |
|---|---|
| C548s | Chomsky, Noam |
| | Os segredos das palavras / Noam Chomsky, Andrea Moro; traduzido por Gabriel de Ávila Othero, Sergio de Moura Menuzzi. – São Paulo: Editora Unesp, 2023. |
| | Tradução de: *The secrets of words* |
| | ISBN: 978-65-5711-209-0 |
| | 1. Linguística. 2. Filosofia. I. Moro, Andrea. II. Othero, Gabriel de Ávila. III. Ávila, Gabriel de. IV. Título. |
| 2023-2067 | CDD 410 |
| | CDU 81'1 |

Índice para catálogo sistemático:

1. Linguística 410
2. Linguística 81'1

Editora afiliada:

# SUMÁRIO

Os segredos das palavras   7
O que resta do futuro:
   notas marginais para
   uma conversa   73

Referências bibliográficas   111

# Os segredos das palavras

**AM:** Olá, Noam. É muito bom finalmente ver você. Já deveríamos ter feito esse encontro há alguns meses: a pandemia impediu, mas pelo menos agora podemos nos encontrar, ainda que remotamente. Se você estiver de acordo, eu gostaria de começar nossa conversa com algo que realmente me impressionou quando fui seu aluno no MIT, em 1988. Em uma aula, você mencionou o que Yehoshua Bar-Hillel falou sobre a relação entre tecnologia e linguagem tal como essa relação era vivenciada no início dos anos 1950. A referência que você fez era a algo que Bar-Hillel havia escrito cerca de vinte anos depois do período analisado. O que ele afirmou nesse texto me deixou chocado, e acho que a questão diz respeito também ao nosso mundo contemporâneo, o que me parece interessante. Se você não se importa, vou ler para você o que Bar-Hillel escreveu antes de pedir a sua opinião atual sobre a questão.

Bar-Hillel falava especificamente da atmosfera e das ideias que circulavam no início dos anos 1950 no Laboratório de Pesquisa em Eletrônica do MIT em Cambridge, Massachusetts. Esta é a passagem-chave: "Havia no entorno do laboratório um sentimento onipresente e avassalador de que, com os *insights* da cibernética e com as técnicas da teoria da informação, que eram recentes naquele momento, tinha se realizado o avanço final em direção a uma compreensão definitiva das complexidades da comunicação 'no animal e na máquina'. Linguistas e psicólogos, filósofos e sociólogos saudaram a entrada do engenheiro eletricista e da probabilidade matemática no campo da comunicação".[1] Gostaria de lhe perguntar se, depois de tantos anos, você poderia novamente dar sua opinião sobre isso.

---

1 Bar-Hillel (ed.), *Logic Methodology and Philosophy of Science:* Proceedings of the 1964 International Congress.

**NC:** Bem, como você deve se lembrar, o que Bar-Hillel estava tentando dizer é que aquela euforia estava fora de lugar – que não tinha acontecido nada daquilo que muitos haviam antecipado com tanta confiança. Ele estava se referindo à situação do início dos anos 1950. Foi o momento em que Morris Halle, Eric Lenneberg e eu nos unimos e começamos a nos encontrar como estudantes de pós-graduação em Harvard. Aquela, de fato, era a atmosfera em Harvard e no ambiente de Cambridge. Havia muito entusiasmo, e havia também um contexto sociopolítico. É importante lembrar que, antes da Segunda Guerra Mundial, os Estados Unidos eram, no que tange à intelectualidade, uma espécie de "província". Se você queria estudar física, ia para a Alemanha; se queria estudar filosofia, ia para a Inglaterra ou para Viena; se queria ser escritor, ia para a França. Os Estados Unidos eram como uma pequena cidade fora do circuito, na periferia. Explico-me: é verdade que havia coisas acontecendo nos Estados Unidos e, de fato, havia ali grandes cientistas; mas era à margem do que acontecia nos principais centros intelectuais.

A guerra mudou totalmente isso tudo. A Europa foi devastada, é claro; e os Estados

Unidos ganharam muitíssimo com a guerra. Sua produção industrial quadruplicou. Muitas descobertas científicas foram feitas e muitos avanços tecnológicos foram obtidos durante o conflito. Depois da guerra, os Estados Unidos eram basicamente os donos do mundo. Esse sentimento penetrou a consciência geral dos norte-americanos: "os europeus acabaram, nós estamos assumindo". Foi nesse contexto que os novos desenvolvimentos que Bar-Hillel descreveu vieram à tona e se tornaram parte daquele sentimento de que "estamos realmente avançando, estamos deixando o velho mundo para trás; estamos começando um novo caminho agora, muito além do que qualquer outra pessoa concebeu". Esse sentimento perpassava todos os domínios, incluindo o da comunicação no homem e na máquina. Nesse momento, aconteceu de eu estar em Cambridge – em Harvard e no MIT. A teoria da informação de Claude Shannon estava sendo desenvolvida a partir de pesquisas realizadas durante a guerra. Junto com a cibernética de Norbert Wiener, parecia que uma nova era estava chegando. Enfim podíamos nos voltar para o estudo do que se costumava chamar antigamente de "estudo da mente". Mas agora íamos encará-lo com os métodos da ciência. O entusiasmo era enorme.

Devo dizer que assistimos a uma situação bem parecida hoje, há muito entusiasmo e empolgação com a inteligência artificial, o *deep learning* [aprendizado profundo]: acredita-se que essas coisas vão, de alguma forma, resolver todos os problemas. E é até mais problemático que isso: elas não estão alcançando resultados científicos, pelo menos em nossos domínios. De qualquer modo, a atmosfera é muito semelhante à daquela época.

Também devo mencionar que naquela época, por volta de 1950, havia outra fonte, uma fonte independente, de entusiasmo e euforia: era a linguística estrutural americana – que, na verdade, não estava representada em Cambridge. Não havia linguistas americanos lá. Acho que provavelmente eu fosse o único, graças à minha formação de graduação. Roman Jakobson estava lá, vindo da tradição estruturalista europeia, mas não havia estruturalistas norte-americanos lá. Em outras partes do país, havia um grupo bastante coeso de linguistas estruturalistas que haviam realizado muito e que, se você lê o material da época, pareciam sentir que enfim haviam de fato conseguido estabelecer, pela primeira vez, a linguística como uma ciência – uma "ciência taxonômica", como diziam. Eles dispunham de procedimentos e análises bem definidos: você podia aplicá-los a qualquer linguagem, a qualquer material, e você obteria a análise fonêmica, a morfologia e alguma sintaxe desse material. Mas o campo estava basicamente concluído. E de fato eu me lembro, eu era aluno na época, que a sensação entre os alunos era: "Isso é bem divertido, mas o que vamos fazer depois de termos aplicado os procedimentos a todas as línguas? Estará tudo terminado?". Esse era o pressuposto geral.

Assim, houve dois consensos distintos, ambos entusiásticos e ambos com a sensação de que haviam feito grandes realizações. Para um deles, o campo estaria praticamente terminado; para o outro, criaríamos um novo mundo. Tudo isso se desfez na década de 1950. Nenhum dos dois funcionou. Em relação ao consenso de Cambridge, foi possível – quando as propostas eram suficientemente claras – investigá-las. Por exemplo, a ideia predominante era a de que a linguagem era um sistema markoviano de produção.

Isso era preciso: você podia provar que é falso. Outras ideias eram mais vagas. Você tinha apenas cada vez mais argumentos indiretos de que estavam no caminho errado. Já o consenso estruturalista simplesmente não funcionava. Havia um conflito agudo, que se tornava cada vez mais saliente, entre seus procedimentos de análise, que era com o que o campo realmente se preocupava, e teorias explicativas dos fenômenos linguísticos. Acontece que, se você tentasse desenvolver uma teoria explicativa, que é do que se trata uma gramática gerativa – se você tentasse construir uma gramática gerativa –, os elementos nela contidos não poderiam ser obtidos por meio dos procedimentos estruturalistas. Havia, assim, um abismo entre tentar desenvolver uma explicação dos fenômenos da linguagem e aplicar esses procedimentos de análise. Os projetos eram inconsistentes. O que finalmente prevaleceu, ao longo do tempo, foi o esforço para encontrar teorias explicativas.

É surpreendente ver que hoje estamos numa situação muito semelhante. A empolgação que vem do Vale do Silício basicamente – muito exagero e propaganda sobre o quanto as conquistas são incríveis – tem uma certa semelhança com a euforia tecnológica que Bar-Hillel descreveu. E, reitero, no momento em que a descreveu, ele achava que aquela euforia tinha sido abalada, que ela era um erro.

**AM:** Sua reação ao comentário de Bar-Hillel referente à atmosfera dos anos 1950, comentário que ainda é importante, nos adverte contra a euforia dominante hoje. Mas há um detalhe específico sobre o qual eu gostaria de pedir que você refletisse, relativo a uma outra coisa que você nos apresentou em aula: trata-se do trabalho seminal que veio de um campo totalmente diferente, os estudos do cérebro – mais especificamente, da afasiologia. Você nos apresentou essa discussão mostrando-nos o trabalho de Eric Lenneberg, o seu *Biological Foundations of Language* [Fundamentos biológicos da linguagem].[2] Você acha que, dos anos 1950 para cá, houve alguma mudança significativa nos estudos do cérebro?

**NC:** Ah, é totalmente diferente. De fato, havia um trabalho interessante no campo

---

2 Lenneberg, *Biological Foundations of Language*.

das ciências do cérebro no início dos anos 1950. Mas, curiosamente, em geral esse trabalho era desconhecido nas áreas da psicologia e das ciências cognitivas. Vou lhe dar um exemplo muito impressionante disso. Karl Lashley, um dos grandes neurocientistas, deu, no final dos anos 1940, uma palestra muito importante, a palestra no *Hixon Symposium*, que foi publicada em 1951. Lashley demonstrou, não tanto por estudos do cérebro, mas apenas observando a natureza do comportamento dos organismos – cavalos galopando, pessoas tocando música e coisas semelhantes – que todo o quadro do behaviorismo estava condenado a fracassar. Ele mostrou que esse quadro não poderia funcionar nem mesmo para coisas simples, como explicar como um cavalo pode galopar. Ele apresentou argumentos muito fortes para essa conclusão. Você tem que lembrar que o behaviorismo radical era um dos elementos centrais na perspectiva dos que estavam eufóricos com os progressos daquela época. As palestras *William James* de B. F. Skinner circularam em 1948 e depois foram publicadas no seu livro *O comportamento verbal*. W. V. O. Quine, o filósofo mais influente da época, adotou o behaviorismo, que se tornou o núcleo de seu trabalho. O behaviorismo radical estava no centro da perspectiva daquela época: ele era o elemento central do sentimento de que seria possível entender tudo sobre o comportamento, inclusive dos seres humanos. Lashley derrubou tudo isso em 1951.[3] Ninguém sabia. Eu descobri isso como estudante porque um historiador da arte, Meyer Schapiro, que era uma espécie de polímata, me recomendou o artigo de Lashley, que tinha achado interessante. Isso foi por volta de 1955, eu acho. Dei uma olhada no artigo: pude ver imediatamente que destruía tudo. Nenhum dos psicólogos de Harvard sabia disso. O artigo não era mencionado na literatura da psicologia – mas, na literatura *neurológica*, era mencionado com frequência. Lá, ele tinha sido notado, mas nunca entrou na psicologia ou nas ciências cognitivas.[4] Eu acho que a primeira menção ao artigo nessas áreas provavelmente está na resenha que fiz

---

3 Lashley, The Problem of Serial Order in Behavior, in: *Cerebral Mechanisms in Behavior*, p.112-46.
4 *"Never made it"*, literalmente "Nunca entrou...". Mas é uma hipérbole de Chomsky, como ele mesmo aponta a seguir, ao dizer que hoje Lashley é "amplamente reconhecido". Portanto, a melhor expressão talvez fosse *"But (it) had not made it"*, isto é, "Mas nunca tinha entrado...".

de Skinner em 1959.[5] Mais tarde, o artigo de Lashley veio a ser amplamente conhecido.

Lashley foi uma figura importante nas ciências do cérebro, mas seu trabalho fundamental não entrou na psicologia ou na filosofia da linguagem, ou nas ciências cognitivas então emergentes. Claro, havia outros trabalhos, como os de Wilder Penfield, que eram estudos invasivos do cérebro e que não podem mais ser realizados, por razões éticas. Mas as barreiras eram muito mais baixas naquela época: havia poucos constrangimentos [*risos*]. E, então, o livro de Eric Lenneberg apareceu em 1967. Foi realmente revolucionário. Ele fundou a moderna biologia da linguagem. E apresentava estudos muito interessantes sobre diversos temas, incluindo um capítulo fascinante sobre a evolução da linguagem, que até hoje permanece sendo uma base clássica para trabalhos sérios na área. Ele também estudou casos de deficiência de linguagem, casos de pessoas praticamente sem córtex, cujo córtex era virtualmente indetectável,

---

[5] Skinner, *Verbal Behavior*; Chomsky, A Review of B. F. Skinner's Verbal Behavior, *Language* 35, 1959, p.26-57.

mas que tinham excelente conhecimento linguístico. Como isso era possível?

Lenneberg já havia feito algumas descobertas interessantes, as quais foram consideradas tão impossíveis que ele nem as publicou. Éramos amigos íntimos, fomos colegas no início dos anos 1950. Ele já estava interessado em como a linguagem se desenvolvia com deficiências físicas. Uma das coisas em que ele estava interessado, então, era a linguagem nos surdos. Naquela época, havia uma tradição oralista muito rígida. Os surdos não tinham permissão para aprender sinais. Eles tinham que aprender leitura labial. Assim, os pais eram instruídos a não gesticular para seus filhos surdos. As escolas ensinavam apenas leitura labial. Eric foi fazer observações na escola mais avançada para surdos na área de Boston. E lá ele notou algo muito interessante. A professora estava ensinando leitura labial às crianças; mas, logo que ela se virou para o quadro, as crianças começaram a fazer assim [*Chomsky gesticula com as mãos*]. Eric percebeu que eles provavelmente tinham inventado sua própria língua de sinais. Mas essa hipótese foi considerada tão estranha que ele nunca a publicou. Muitos anos depois, descobriu-se que as crianças de fato inventam sua própria linguagem de sinais, mesmo sem *input*, isto é, mesmo que ninguém gesticule para elas. Mas a hipótese de Lenneberg estava sessenta anos à frente do tempo; naquela época, ele nem mesmo podia publicá-la.

O livro foi realmente um avanço. No entanto, as técnicas ainda não estavam disponíveis para que se fizesse um trabalho realmente importante em neurociência, um trabalho que realmente fosse relevante para questões sérias sobre como a linguagem funciona. O primeiro grande avanço ocorreu num artigo de 2003, nos experimentos que você projetou e que foram realizados em Milão. Esses foram os primeiros, e até hoje praticamente os únicos, que encontraram uma base realmente significativa no funcionamento do cérebro para uma propriedade fundamental da linguagem: a propriedade chamada de *dependência de estrutura*. Uma característica muito curiosa da linguagem é que crianças pequenas, de 2 anos de idade, ao aplicar regras linguísticas para criar e interpretar frases, ignoram 100% do que ouvem e prestam atenção apenas em algo que nunca ouvem. O que elas ignoram é a ordem linear das palavras. Mas é isso o que você ouve. Por exemplo, se você está ouvindo o que estamos falando agora, você está ouvindo nossas palavras chegando como as contas num fio, uma depois da outra. As crianças ignoram completamente isso ao aplicar as regras internalizadas de sua língua. Elas prestam atenção é nas estruturas que criam mentalmente, o que, é claro, nós nunca ouvimos. Você não ouve a estrutura de uma frase: simplesmente, é algo que sua mente cria de modo automático, com base numa sequência linear ordenada de palavras. Já há evidências linguísticas substanciais acerca dessa propriedade curiosa e fundamental da linguagem, e os seus experimentos, sobre os quais agora vou deixar você falar, mostram que realmente é possível descobrir o que está acontecendo no cérebro e que tem correlação com isso. É um bom momento para você assumir, não? [*Risos*]

**AM:** Obrigado por me dar esta oportunidade de descrever esses experimentos e sua conexão com as hipóteses que você formulou. De fato, como você disse, o experimento foi projetado em Milão, mas o paradigma de pesquisa foi explorado na Alemanha e na Suíça, em dois experimentos separados, conduzidos por duas equipes diferentes. A ideia central e comum foi levar a sério o que você acabou de dizer, ou seja, que as crianças prestam atenção apenas em estruturas hierárquicas e não na ordem linear. Tomando isso como premissa, inventei dois tipos de línguas: uma baseada em estruturas hierárquicas, chamada de "língua possível", e outra baseada em ordem linear, chamada de "língua impossível". Existem infinitas regras que podem ser inventadas com base na ordem linear das palavras. Basicamente, usamos nos experimentos três tipos de regras: regras baseadas na posição rígida de uma palavra específica na sequência linear de palavras em uma frase (por exemplo, negação ocorrendo sempre como, digamos, a terceira palavra); regras baseadas no rearranjo de palavras (por exemplo, uma regra que forma uma frase interrogativa como a imagem espelhada da sequência de palavras na frase afirmativa correspondente); e regras baseadas em concordância entre duas palavras nos extremos de uma sequência (por exemplo, o primeiro artigo concorda com o último substantivo de uma determinada frase). Vale ressaltar que a regra baseada no rearranjo das mesmas palavras é apenas uma extensão de uma capacidade que é usada em muitas línguas de modo típico: pegue uma frase afirmativa como *America is beautiful* ("A América é bonita") em inglês, por exemplo; sua frase interrogativa correspondente é *Is America beautiful?* ("A América é bonita?"). Em nossa "língua impossível", a regra correspondente resultaria em *Beautiful is America?* ("Bonita é América a?"), com o mesmo significado da primeira frase interrogativa; mas a frase seria construída a partir de uma estrutura plana, em vez da estrutura hierárquica que encontramos no inglês real.

Os experimentos foram ambos formulados, essencialmente, com base nessa ideia simples de medir a reação do cérebro ao julgar a gramaticalidade de frases produzidas por regras possíveis *versus* regras impossíveis. Mas havia outro fator que os distinguia. Num caso, comparamos línguas reais e totalmente significativas, ensinando a um grupo de falantes monolíngues do alemão uma microversão do italiano contendo regras possíveis e impossíveis.[6] No outro

---

6 Musso et al., Broca's Area and the Language Instinct, *Nature Neuroscience*, n.6, 2003, p.774-81.

caso, levamos os sujeitos a aprender regras semelhantes a partir de frases construídas com um vocabulário limitado de palavras inventadas, mas fonologicamente plausíveis – vou chamá-las de "pseudopalavras" –; preservamos do italiano apenas as chamadas palavras funcionais, como os artigos, a negação e os auxiliares. As frases desse segundo experimento soavam como um jargão e era impossível computar um significado completo para elas; um exemplo disso seria algo como *The gulks janidged the brals* ("Os gulques janizaram os brales").[7] Apesar disso, os sujeitos conseguiram aprender essas regras e os resultados foram substancialmente comparáveis aos do primeiro experimento. A razão pela qual também exploramos pseudopalavras, juntamente com palavras normais, foi excluir a possibilidade de que não fosse a sintaxe, mas a semântica, que permitisse aos sujeitos aprender e dominar as regras das línguas impossíveis. Além disso, para refinar o primeiro experimento, ensinamos microjaponês juntamente com microitaliano, para excluir também a possibilidade

---

7 Tettamanti et al., Neural Correlates for the Acquisition of Natural Language Syntax, *NeuroImage*, n.17, 2002, p.700-9.

de que a semelhança entre o microitaliano e a língua materna dos sujeitos (tanto o alemão quanto o italiano pertencem às línguas indo-europeias, enquanto o japonês, não) pudesse oferecer alguma vantagem aos sujeitos. E, de fato, não houve vantagem. Até o número de erros cometidos por eles durante os testes gramaticais foi semelhante, independentemente de a língua aprendida ser baseada no italiano ou no japonês. Quando medimos a reação dos cérebros dos sujeitos, os resultados foram nítidos e robustos.

A conclusão foi que, mesmo sem instruções, o cérebro é capaz de distinguir regras possíveis *versus* regras impossíveis, ou seja, regras baseadas em hierarquia *versus* regras baseadas em ordem linear. Mais especificamente, chegamos a essa conclusão por meio de medidas neurobiológicas: a rede neural que o cérebro ativou ao utilizar regras impossíveis não era a mesma usada para regras possíveis. Na verdade, os circuitos cerebrais normalmente envolvidos em tarefas linguísticas – que se localizam numa parte da área de Broca, essencialmente – foram progressivamente *inibidos* à medida que o grau de precisão dos sujeitos aumentava ao processar regras impossíveis; por outro lado, a atividade desses mesmos circuitos *aumentava* progressivamente à medida que o grau de precisão dos sujeitos aumentava ao processar regras possíveis. De fato, regras impossíveis, ou seja, regras lineares ou "planas", são tratadas pelo cérebro como um quebra-cabeça, que requer o uso de estratégias de resolução de problemas – ou seja, como algo radicalmente diferente das estruturas gramaticais. Em conclusão, "línguas planas" não são línguas humanas: elas só podem ser faladas em "terras planas".

É claro, esses experimentos e muitos outros subsequentemente realizados no campo, incluindo os conduzidos por Angela Friederici, David Poeppel, Alec Marantz, Daniel Osherson e Stanislas Dehaene, seriam inimagináveis se sua proposta de que a estrutura da linguagem é limitada por restrições neurobiológicas não fosse aceita, e as regras linguísticas continuassem sendo consideradas "convenções culturais arbitrárias". Essas últimas palavras são retiradas da introdução de Lenneberg, e considero que vale a pena citar por completo a ressalva que ele fez: "Uma investigação biológica sobre a linguagem deve parecer paradoxal, uma vez que é amplamente presumido que as línguas consistem de *convenções culturais arbitrárias* [ênfase adicionada]. Wittgenstein e seus seguidores falam dos jogos de palavras, comparando assim as línguas ao conjunto arbitrário de regras encontradas nos jogos de salão e nos esportes. É aceitável falar sobre a psicologia do bridge ou do pôquer, mas um tratado sobre as bases biológicas do bridge não pareceria ser um tópico interessante. As regras das línguas naturais têm, de fato, alguma semelhança superficial com as regras de um jogo, mas espero tornar óbvio, nos próximos capítulos, que há diferenças importantes e fundamentais entre as regras das línguas e as regras dos jogos. As primeiras são biologicamente determinadas; as últimas são arbitrárias".[8]

A "prova" empírica de que essa hipótese era verdadeira só foi possível quando a comunidade científica aceitou a gramática gerativa e suas consequências para a aquisição da linguagem como o quadro conceitual de fundo.

Os experimentos sobre as línguas impossíveis que descrevi poderiam ter sido con-

---

8 Lenneberg, *Biological Foundations of Language*, 2.

cebidos com base estritamente em seus primeiros artigos dos anos 1950, nos quais ficou claro, pelos teoremas matemáticos que você usou – em oposição a argumentos baseados em intuições aproximadas, subjetivas e anedóticas –, que estatísticas não seriam suficientes para capturar plenamente as regularidades básicas e ubíquas das estruturas sintáticas, por exemplo, suas "dependências aninhadas".[9] Em termos matemáticos, você provou que as cadeias markovianas adotadas por Shannon não eram suficientes. Os experimentos que realizamos oferecem evidências neurobiológicas de que essas regularidades são baseadas em uma capacidade que precede a experiência.

**NC:** Me parece que a principal contribuição dos experimentos que você conduziu foi terem encontrado correlações neurais para a distinção entre línguas possíveis e línguas impossíveis, focando numa propriedade crucial: o papel da ordem linear e das estruturas hierárquicas criadas pela mente. Há evidências convincentes de que a ordem

---

9 Em inglês, *"nested dependencies"*. (N. T.)

linear é ignorada pela "linguagem interna" que computa as estruturas que são usadas no pensamento e que recebem interpretações semânticas, o que podemos considerar como "linguagem pura", abstraída dos sistemas sensório-motores usados para a externalização, que são independentes da linguagem. Claro, os tipos de computação que são ignorados pela "linguagem interna" são facilmente executados pelas capacidades computacionais normais da mente; no entanto, tais computações não são ativadas no processamento da linguagem.

Para dar um exemplo bem simples: em [*the bombing of the cities*] *verbo-cópula a crime* ("[o bombardeio das cidades] *verbo-cópula um crime*"), o verbo-cópula deve ser a forma singular *is* ["é"], não a forma plural *are* ["são"].[10] Em vez de usar a propriedade computacionalmente trivial da adjacência linear, a linguagem interna se baseia na estrutura mental abstrata indicada pelos colchetes e na operação não trivial de localizar o núcleo da construção, que determina seu papel sintático/semântico. Para dar outro

---

10 Moro, *The Raising of Predicates*, e também *A Brief History of the Verb To Be*.

exemplo, na frase *Can [eagles that fly] swim?* ["Podem (as águias que voam) nadar?"], não associamos o verbo auxiliar *can* ao verbo principal *fly*, mais próximo linearmente – o que seria uma computação simples com base no que ouvimos (ordem linear); antes, associamos *can* ao verbo *swim*, que é o mais próximo estruturalmente, como os colchetes indicam. O mesmo vale para as regras de todas as construções em todas as línguas.

Estudos sobre a aquisição da linguagem mostram que essas propriedades são compreendidas pelas crianças tão logo se torna possível fazer os testes relevantes com elas. Tais estudos mostram que, quando levadas a refletir sobre esses dados, mesmo sem ter tido experiência com eles, as crianças ignoram 100% do que ouvem e evitam cálculos simples com os dados; elas prestam atenção apenas no que suas mentes criam, adotando, sem evidências, o princípio da dependência de estrutura.

Os experimentos que você realizou com uma variedade de materiais baseados em ordem linear mostraram que essa propriedade curiosa de nossa vida mental – de se basear em estrutura hierárquica, e não em ordem linear – se manifesta nas operações do cérebro. Isso proporciona uma base neural para a distinção entre línguas possíveis e línguas impossíveis, discutida de forma mais abrangente em seu livro *Impossible Languages* (Línguas impossíveis). Na minha opinião, ao menos, esses são os *insights* mais reveladores da neurolinguística até o momento.

Vale ressaltar que houve um grande volume de trabalhos buscando demonstrar que seria possível aprender o princípio da dependência de estrutura por meio da análise massiva de dados, ou que estruturas hierárquicas são encontradas em outros atos mentais, ou na natureza. Essas propostas se mostram inadequadas quando submetidas a exame e, mais importante, são irrelevantes. Elas evitam a questão crucial: por que, desde a infância, ignoramos 100% dos dados disponíveis para nós, bem como cálculos mais simples, que poderiam ser facilmente executados por nosso repertório cognitivo, e, em vez disso, prestamos atenção apenas ao que nossas mentes criam, e não ao que ouvimos? Nos termos de seus experimentos: por que o cérebro não ativa os circuitos normais da linguagem ao ter de lidar com línguas impossíveis, cujas propriedades são detectáveis por cálculos simples?

Deve-se acrescentar que agora existe uma explicação sólida para essas descobertas sobre a linguagem. A dependência de estrutura segue imediatamente da hipótese nula: uma vez que o princípio da geração recursiva de uma infinidade discreta de objetos se tornou disponível na história evolutiva, muito provavelmente junto com o surgimento da espécie *Homo sapiens*, a natureza, como de costume, selecionou o procedimento mais simples possível. Portanto, não há aprendizado nessa restrição às regras das línguas possíveis.

Esse conjunto de argumentos empíricos e conceituais não prova de modo definitivo que a ordem linear não atua em nenhum aspecto da linguagem interna. Isso seria impossível de estabelecer. No entanto, significa que as sugestões de que a ordem linear tem um papel relevante na linguagem enfrentam um fardo pesado – o ônus de prova – tanto empiricamente quanto conceitualmente: tais sugestões precisam explicar como e por que teria ocorrido um desvio tão sério do processo que seria ótimo.

Questões dessa natureza raramente foram colocadas nas investigações linguísticas ou nas ciências cognitivas em geral. No entanto, acredito que chegamos ao ponto em que elas estão se tornando pertinentes.

**AM:** Agora, como eu e você já discutimos muitas vezes, o novo desafio é passar do que eu costumava chamar de "problema do *onde*" – ou seja, de *onde* está ativa no cérebro uma determinada rede, como o circuito relacionado à linguagem, em oposição a outras capacidades cognitivas – para o "problema do *o quê*" – ou seja, de *qual* é a informação real que um neurônio passa para outro. Mas, de novo: sem uma teoria linguística formal e explícita – isto é, "gerativa" – como base, você nem sequer pode começar a pensar nessa questão. Nesse caso, a famosa, onipresente, expressão *big data* não é realmente relevante. Capturar a sintaxe das línguas humanas na íntegra analisando um número imenso de frases seria como capturar o fato de que o sol é fixo e de que nós giramos ao redor dele tirando trilhões de fotos do sol pela janela. A pesquisa científica simplesmente não se desenvolve dessa forma, embora em princípio pudesse fazê-lo. Além disso, mesmo que a pesquisa com *big data* pudesse nos fornecer uma ideia aproximada da estrutura da linguagem, a probabilidade de que as estatísticas capturassem completamente os mecanismos reais do cérebro, em oposição a simplesmente simulá-los, seria muito baixa, e haveria ainda menos probabilidade de conseguirem imitar os tipos de erros que as crianças cometem ao adquirir sua gramática nativa. Com base em minha própria experiência, que é limitada, acredito que, em geral, os experimentos que podem ser concebidos nesse campo de estudo – especialmente os que envolvem a sintaxe, o núcleo da linguagem humana – só podem ser realizados se seguirmos os procedimentos gerativos e a correspondente abordagem explicativa, procedimentos e abordagem que foram antevistos e formulados como diretrizes por você lá atrás, nos anos 1950.

Mas, prosseguindo com sua reflexão sobre o perigo de um novo tipo de reducionismo, gostaria que você compartilhasse conosco seus pensamentos sobre uma observação relacionada a isso que você fez certa vez. Me lembro de você ter falado em aula sobre a noção de gravidade. Durante a era cartesiana, como ninguém achava razoável postular uma ação a distância de um corpo sobre outro, os filósofos ortodoxos pensavam que a trajetória da Lua era explicada postulando-se que a Lua estava presa por um vórtice etéreo centrado na Terra e, desse modo, girava ao redor dela. Isso quer dizer: acreditava-se que o movimento da Lua fosse totalmente mediado por uma cadeia de contatos locais, diretos, entre corpos. Mas, então, começaram a circular as conclusões de Newton sobre a gravidade, que ofereciam uma abordagem radicalmente diferente, na qual provisoriamente se adotava, por razões descritivas, a hipótese da ação a distância. Eu gostaria de lhe pedir que expandisse suas reflexões sobre essa circunstância histórica específica e sobre esse conjunto de ideias, porque para mim essa questão toda indica o desafio central que a neurociência enfrenta hoje, desafio similar ao que a gravidade colocou naquela época.

**NC:** Bem, é preciso um pouco do contexto dos séculos anteriores. Como mencionei, há certa semelhança entre o tipo de euforia que Bar-Hillel descrevia e a euforia do *big data* hoje em dia: a sensação de que temos uma resposta para tudo. Não é a primeira vez. Algo semelhante aconteceu no século XVI, no período neoescolástico. A física neoescolástica apresentava muitos resultados; ela descrevia um monte de coisas muito bem. E havia o que parecia ser uma resposta para praticamente qualquer pergunta. Suponha que eu estivesse segurando uma xícara na mão e ela tivesse água fervendo dentro, e eu a soltasse. A xícara cairia no chão, o vapor subiria para o céu. Por quê? Eles diriam – porque lhes parecia ser uma resposta – o seguinte: a xícara e o vapor estão se movendo para seus respectivos lugares naturais. A xícara está se movendo em direção à Terra, que é o lugar natural para objetos sólidos; o vapor está indo para os céus, o lugar natural para gases. Se dois objetos se atraem e se repelem, é porque têm simpatias e antipatias. Se você olhasse para a figura de um triângulo e visse um triângulo, a razão era que a forma do triângulo se move pelo ar, entra no seu olho e se implanta no cérebro. Desse modo, você tinha uma resposta para esse problema. E, de fato, havia esse tipo de resposta para quase tudo. Parecia muito com o período estruturalista, o período da teoria markoviana da informação.

Galileu e seus contemporâneos conquistaram algo extremamente significativo: eles se permitiram ficar perplexos com tais respostas. Pensaram: "Espere um pouco. Tem algo errado aí". As descrições dos neoescolásticos eram baseadas no que eles chamaram de "ideias ocultas": ideias que realmente não têm substância. Como a ideia – que era quase uma ortodoxia nos anos 1940 e 1950 – de que "a linguagem é uma questão de treinamento e hábito", na formulação de Leonard Bloomfield, o grande linguista norte-americano. Outros também acreditavam nessa mesma ideia: as crianças são treinadas com milhares, milhões de exemplos, e de alguma forma o hábito se forma e, de repente, elas sabem o que dizer em seguida; se produzem ou compreendem algo de novo, é por "analogia". Quando você começa a pensar nisso, vê que é completamente inconcebível, na medida em que haja alguma substância nisso.

Bem, Galileu e seus contemporâneos adotaram a mesma posição em relação à ciência neoescolástica. Eles diziam que nada daquilo fazia sentido. E começaram a fazer principalmente aquilo que, na verdade, podemos chamar de "experimentos mentais". A maioria dos experimentos concebidos por Galileu não foi realizada por ele. E se ele os tivesse realizado, não teriam funcionado, porque o equipamento de que dispunha era muito primitivo. O que ele fazia era deduzir o que "deveria" acontecer. Portanto, na verdade ele não soltou bolas das alturas da Torre de Pisa. O que ele desenvolveu foram experimentos mentais muito inteligentes, que mostravam que, se você tivesse uma bola de chumbo grande e pesada e uma bola de chumbo pequena, elas teriam que cair com a mesma velocidade. Era um bom argumento, mas não convenceu muito os financiadores da época, os aristocratas, a "fundação nacional de ciência" de então. Eles não conseguiam entender por que alguém fica estudando uma bola rolando em um plano sem atrito, algo que sequer existia, quando poderia estar estudando algo bem mais interessante, como o crescimento das flores ou o pôr do sol, ou algo do gênero. Então, foi difícil convencê-los de que, "olha, vale a pena entender essas coisas muito simples". Se você tem uma bola no topo do mastro de um veleiro, e o veleiro está em movimento, por que a bola cai na base do mastro, e não para trás, uma vez que o veleiro está se movendo para a frente? Observe que esse é um experimento que você nunca poderia realizar, porque, se tentasse realizá-lo, a bola poderia cair para qualquer lado. Mas ele mostrou, apenas com experimentos mentais, que sim, que há uma razão pela qual a bola vai cair na base do mastro. E assim se desenvolveu a ciência moderna.

Mas ela se desenvolveu de um modo interessante. Os novos cientistas, Galileu e os demais, queriam obter uma explicação *séria*. Eles criaram o que foi chamado de "filosofia mecânica". A abordagem foi, em parte, estimulada por algo que estava acontecendo na Europa na época: os artesãos mais habilidosos estavam criando artefatos muito complexos – relógios complexos, que faziam todo tipo de coisa; construções que encenavam peças teatrais com figuras artificiais, mas que pareciam quase reais; jardins como os de Versalhes, por onde você caminha e vê objetos executando todo tipo de ações; e assim por diante. A Europa estava cheia desses artefatos complexos. Mais tarde, criou-se inclusive o modelo de um pato que se alimentava – um dos modelos de Jacques de Vaucanson. Tudo isso sugeria que, talvez, o mundo fosse apenas um grande exemplo daquilo que é uma máquina. Assim como um artesão pode construir essas máquinas incríveis, que nos enganam fazendo-nos acreditar que estão vivas, do mesmo modo um artesão-mestre teria criado o mundo inteiro como uma máquina supercomplexa.

Agora, eu acredito que existe aí uma questão em aberto que poderia ser estudada hoje. Minha hipótese é que esse tipo de explicação é intuitivo – é nosso entendimento inato e intuitivo de como o mundo é. Por exemplo, houve um experimento famoso realizado por Michotte, acho que na década de 1940, em que ele mostrou que, se você apresentar a uma criança duas barras que estão quase se tocando, e uma delas se move e depois a outra se move, a criança automaticamente presumirá que há uma conexão oculta entre elas. Em geral, a mente cria intuitivamente uma explicação mecânica para tudo o que ela vê acontecer. E suspeito que uma investigação demonstraria que a "filosofia mecânica", como era chamada, é apenas o nosso senso intuitivo do mundo, fortalecido pelo que estava acontecendo naquele momento, com o desenvolvimento de artefatos complexos. "Filosofia", é claro, significava "ciência" na época. Era a "ciência mecânica".

Essa intuição – de que tudo tem uma explicação mecânica – foi percebida por

Descartes, que era um grande cientista. Ele achava que poderia demonstrar que o mundo era, de fato, uma máquina. Mas, curiosamente, acabou encontrando um aspecto do mundo que não funcionaria como uma máquina: a linguagem. Ele afirmou que é impossível construir uma máquina que produza expressões da maneira como normalmente as produzimos, isto é, de modo que sejam apropriadas às situações, mas que não sejam causadas por elas. Ou, para usar os termos usados pelos cartesianos: nos sentimos estimulados, inclinados, a falar do modo como o fazemos, mas não somos *compelidos* a isso; podemos agir de forma criativa e, em nosso comportamento normal, criamos a toda hora novos pensamentos, novas expressões, que podem ser compreendidos por outras pessoas. Em parte para acomodar esses fatos da natureza, Descartes postulou um novo princípio – em sua metafísica, uma nova substância: a *res cogitans*, uma "substância pensante", que estaria por trás do uso normal da linguagem para construir o pensamento.

Na verdade, esse mesmo fato também foi percebido tanto por Galileu quanto pelos linguistas e lógicos de Port-Royal, mas de um modo diferente. Eles expressaram seu espanto e admiração diante de algo que parecia um milagre e que, de certa forma, ainda parece: o fato de que, usando alguns símbolos apenas, você pode construir muitos pensamentos, infinitamente, e com isso pode transmitir a outras pessoas – que não têm acesso direto à sua mente – aquilo que se passa no seu interior mais íntimo. Como é possível esse milagre? Esse é um problema central no estudo da linguagem.

Portanto, Descartes, Galileu, Arnauld e outros reconheceram que a linguagem e o pensamento não se encaixam na "filosofia mecânica"; mas, para eles, o restante do mundo é uma máquina. Então, Isaac Newton entrou em cena. Ele ficou intrigado com a teoria do vórtice de Descartes, que busca explicar como as coisas interagem. O segundo volume de seus *Principia* é dedicado a demonstrar que ela não funciona. Então, o que nos resta? As coisas se atraem e se repelem, mas não há contato. Newton considerava que isso era o que ele chamou de "absurdo", algo que nenhuma pessoa com conhecimento científico poderia contemplar. Os outros grandes cientistas da época simplesmente rejeitaram a ideia. Leibniz disse que era ridícula: como poderia ser concebível? Christiaan Huygens, o grande experimentalista, também disse que era um absurdo. Era como reinventar as ideias ocultas. E Newton concordava com isso. Ele disse: sim, é como as ideias ocultas; mas há uma diferença: eu tenho uma teoria que explica as coisas, usando essas ideias. Por outro lado, ele nunca chamou seu trabalho de "filosofia da física" ou algo parecido. "Filosofia" significava "ciência". Ele simplesmente o chamou de "matemático"; era uma "teoria matemática". A razão para chamá-lo assim é que, segundo Newton, "Eu não tenho explicações". Seu famoso comentário – "Eu não faço hipóteses" – se deu nesse contexto. Ele disse: "Eu não tenho uma explicação física. Não vou fazer uma hipótese". E, com Newton, foi nesse ponto que as coisas ficaram. Na verdade, um modelo mecânico fornecia um critério de inteligibilidade para Galileu, Leibniz, Newton e outros grandes fundadores da ciência moderna: se você não tivesse um modelo mecânico, sua explicação não era inteligível. Assim, Galileu se mostrava insatisfeito com qualquer teoria das marés porque não era possível construir um modelo mecânico para isso.

Bem, o que aconteceu depois de Newton é algo bem interessante. A ciência simplesmente abandonou a esperança de um mundo inteligível. As teorias são inteligíveis, mas o que elas descrevem não é inteligível. Portanto, a teoria de Newton era inteligível. Leibniz conseguiu compreendê-la. O que ele não conseguia era entender o que ela descrevia. Isso era ininteligível. Levou muito tempo, mas a ciência pós-Newton aos poucos abandonou a busca por um mundo inteligível. O mundo é o que é. O máximo que podemos esperar são teorias inteligíveis. Essa questão assumiu uma forma nova e diferente com Kant e outros. Mas, essencialmente, a ciência teve de limitar seus objetivos. Assim, se conseguimos chegar a uma teoria inteligível, isso já é até onde podemos ir; não adianta tentarmos ir além. Os objetivos dos grandes fundadores da ciência moderna foram abandonados.

Levou algum tempo até essa mudança acontecer. Por exemplo, em Cambridge, na universidade de Newton, acho que levaram cerca de meio século depois da morte dele para começar a ensinar suas teorias. Porque elas não eram "ciência real", eram apenas "descrições matemáticas". Isso continuou no século XX, e de modos que são bem interessantes. Veja a química e a física. Há um século, a química ainda não estava reduzida à física. Era considerada apenas um modo de calcular os resultados de certos experimentos. Até a década de 1920, alguns dos laureados do Prêmio Nobel em física e química descreviam a química como um modo de cálculo. Não era uma "ciência real", porque você não podia reduzi-la à física. Veja Bertrand Russell, que conhecia muito bem as ciências. Em 1928, ele escreveu que a química ainda não havia sido reduzida à física: "Talvez um dia seja, mas ainda não chegamos lá". É parecido com o que acontece hoje, quando as pessoas dizem: "Os processos mentais ainda não foram reduzidos aos processos neurais. Mas chegaremos lá".

Bem, e o que aconteceu com a química e a física? Descobriu-se que a química não podia ser reduzida à física, porque, enquanto a química estava basicamente correta, a física estava errada. Aí, os cientistas vieram com uma nova física e só então você pôde *unificar* uma química praticamente inalterada com a física, com a nova física – especificamente, com a explicação da teoria quântica para as propriedades químicas.

Linus Pauling encontrou uma explicação baseada na teoria quântica para a ligação química e daí ele obteve um sistema unificado, mas sem redução. Na verdade, a química não é redutível à física de um século atrás.

Bom, pensemos agora nos dias de hoje. As neurociências progrediram, mas não estão nem perto do avanço da física nos anos 1920. Isso não é uma crítica. A questão é muito complexa. Pode muito bem acontecer que a busca pela redução seja o caminho errado; que, assim como você não pôde reduzir o mundo a modelos mecânicos e não pôde reduzir a química à física, porque a base para a redução estava errada, pode muito bem acontecer que sejam as neurociências, as ciências do cérebro, que tenham que ser reconstruídas de modos alternativos se quisermos ser capazes de unificá-las com o que descobrirmos sobre a natureza da linguagem, do pensamento, da cognição e assim por diante.

Creio que há indicações de que esse é o caso. Estou pensando, em particular, no trabalho de Randy Gallistel, um grande neurocientista cognitivo, um de nossos amigos. Ele vem argumentando há alguns anos, com ressonância crescente no campo, que as redes neurais simplesmente são o lugar errado para procurar pela computação neural. Na verdade, Helmholtz, lá atrás, no século XIX, já tinha algumas razões para acreditar nisso. As redes neurais são lentas. A transmissão neural é rápida, é claro, para os meus padrões, mas lenta para os padrões do que o cérebro precisa realizar. E, mais importante, como Gallistel demonstrou muito bem, creio, simplesmente não é possível construir com redes neurais o elemento computacional mínimo necessário para a teoria básica da computação: a computabilidade de Turing. É, essencialmente, como o seu computador funciona. Essa unidade básica envolvida na computação não pode ser construída a partir de redes neurais. Então, deve haver algo a mais. Provavelmente, esse algo a mais está no nível celular, onde há uma quantidade muito maior de poder computacional, talvez interno à célula, talvez devido aos microtúbulos ou a alguma outra coisa.

A propósito, as redes neurais são a base dos sistemas de *deep learning*. Eles são modelados com base em redes neurais. Talvez simplesmente se esteja procurando no lugar errado, o que explica por que todas essas simulações sejam realizadas basicamente por meio da força bruta – por meio de análises muito rápidas de grandes quantidades de dados, para discernir regularidades e padrões. Isso pode ser muito útil, mas, no caso da linguagem, o que esses sistemas estão aprendendo? Pegue a distinção que você adotou entre línguas possíveis e impossíveis. Esses sistemas funcionam igualmente bem para ambos os casos, o que significa que eles não nos dizem nada sobre a linguagem. Uma medida do conteúdo empírico de uma teoria está naquilo que ela exclui, como observou Karl Popper.

Desse modo, é verdade que nesses sistemas há coisas que parecem empolgantes, assim como os artefatos construídos por artesãos nos séculos XVI e XVII eram empolgantes; mas eles não fornecem um modelo para entender como o mundo funciona. Na minha opinião, essa é que é a verdade, muito provavelmente, nas áreas que estamos discutindo. A impossibilidade de reduzir a vida mental às neurociências de hoje pode ser consequência do fato de que o sistema-base ainda não foi desenvolvido adequadamente. Quando ele o for, talvez possamos obter uma verdadeira unificação.

**AM:** Essa síntese provocadora oferece muito para refletirmos sobre a estrutura da linguagem e a natureza humana em geral, e pede por comparações e estudos cuidadosos em cooperação com filósofos e cientistas de todas as disciplinas, comparações e estudos que devem caracterizar o debate nos próximos anos. Por enquanto, eu gostaria apenas de acrescentar duas observações e uma pergunta. As duas observações são bastante circunscritas. Me lembro do impacto que tiveram em mim quando você as apresentou em sala de aula, ao caracterizar o que é método científico.

A primeira diz respeito a uma ideia que você mencionou sem enfatizá-la. É algo que você escreveu quando publicou seu livro *Managua Lectures* e que reformulou de maneira muito articulada na palestra que deu no Vaticano.[11] É uma frase sua que representou um ponto de inflexão fundamental na minha vida pessoal e, tenho certeza, na de todos os alunos que ouviram sua palestra. Você disse: "É importante aprender a se deixar surpreender por fatos simples". Ponderando sobre a frase cuidadosamente

---

11 Chomsky, *Il mistero del linguaggio: Nuove prospettive*.

e analisando-a palavra por palavra, vemos que contém pelo menos quatro diferentes focos, por assim dizer. Primeiro, chama atenção para a importância do pensamento que expressa ("é importante"). Segundo, refere-se a um processo de aprendizado, a um esforço individual, em vez de um talento pessoal herdado ("aprender"), e, ao fazer isso, a frase também enfatiza a importância da responsabilidade de ensinar. Terceiro, refere-se ao sentimento de admiração e curiosidade como o real motor da descoberta, bem como a uma consciência da complexidade do mundo – isto é, uma observação que remonta a Platão e à origem da filosofia ("se deixar surpreender"). Finalmente, em quarto lugar, aparece – pode-se argumentar – a observação mais marcante e inovadora da frase: de acordo com ela, fatos simples fazem diferença ("por fatos simples"). A súbita percepção de algo que clama por uma explicação, uma vez dissipada a névoa do hábito, parece ser a matéria de que são constituídas as centelhas das revoluções: desde a lendária maçã de Newton até o elevador de Einstein, desde o problema do corpo negro de Planck até as ervilhas de Mendel, o verdadeiro *insight* surge quando se questiona o que de repente deixa de parecer óbvio. Claro, pode ser que alguém testemunhe um determinado fato por acaso; mas, como Pasteur disse uma vez, "no campo de observação, o acaso favorece apenas a mente preparada". É por isso que precisamos aprender a nos deixar surpreender.

Na verdade, certos fatos muito simples são mais visíveis aos olhos da mente, mais do que à nossa visão direta. Owen Gingerich uma vez me fez perceber como Galileu chegou à conclusão de que todos os corpos caem em direção à Terra com a mesma velocidade – ainda que tenham pesos diferentes e apesar das óbvias restrições resultantes de suas formas: Galileu jamais ficou brincando de jogar objetos da Torre de Pisa. Em vez disso, ele raciocinou: se um objeto pesado caísse mais rápido que um objeto leve, então quando os dois estivessem amarrados juntos, enfrentaríamos uma contradição: por um lado, o objeto mais leve deveria retardar o mais pesado; por outro, juntos eles deveriam cair mais rápido, já que o peso total seria maior do que o peso do mais pesado sozinho. Galileu, surpreso com essa simples observação mental, chegou à conclusão fundamental de que a única possibilidade é que esses dois objetos devem cair com a mesma velocidade; e, então, generalizou, concluindo que todos os objetos caem com a mesma velocidade (uma vez desconsiderado o atrito com o ar, que se deve à forma dos objetos). Ele chegou a essas conclusões sem ter de subir a torre para outra coisa que não fosse apreciar a paisagem.

E a segunda coisa que eu gostaria de destacar da sua síntese é a seguinte: num certo momento, você disse que é impossível construir uma máquina que fale. Obviamente, não posso deixar de concordar, mas tem uma coisa importante que quero enfatizar: há uma diferença fundamental entre *simular* e *compreender* o funcionamento de um cérebro (bem como o funcionamento de qualquer outro órgão ou capacidade). Claro, é muito útil ter recursos com os quais podemos interagir "falando", mas é certo que esses recursos são apenas simulações e não podem ser usados para entender o que realmente acontece no cérebro de uma criança quando ela cresce e adquire a gramática de sua língua materna. Evidentemente, sempre podemos "espichar" o significado das palavras, de modo que elas se tornem apropriadas para expressar algo diferente do que costumam expressar. Isso me lembra a resposta que Alan Turing deu àqueles que repetidamente lhe perguntavam se um dia as máquinas poderiam pensar. Podemos ler suas próprias palavras e, se substituirmos nelas *pensar* por *falar*, manteremos – na minha opinião – a essência da resposta dele, mas aplicada ao nosso caso:

> Proponho que consideremos a seguinte pergunta: "as máquinas podem pensar?". Devemos começar com as definições do significado dos termos "máquina" e "pensar". As definições poderiam ser formuladas de forma a refletir, tanto quanto possível, o uso normal dessas palavras. Mas essa atitude é perigosa: se os significados de "máquina" e de "pensar" fossem definidos pelo exame de como essas palavras são comumente usadas, dificilmente escaparíamos à conclusão de que a resposta à pergunta "As máquinas podem pensar?" deveria ser procurada por meio de uma pesquisa estatística, como uma enquete da Gallup. Mas isso é absurdo... Eu considero a pergunta original "As máquinas podem pensar?" tão sem sentido que nem sequer merece discussão. Creio, todavia, que no final do século o uso das palavras e a opinião geral mais educada terão se alterado a tal ponto que será

possível falar de máquinas pensando sem esperar que alguém nos contradiga.[12]

Além dessas duas observações, há uma pergunta que eu gostaria de lhe fazer em relação a essas ideias. A maneira como você retratou a relação entre a química e a física na história da ciência nos permite refletir sobre a relação entre a linguística e a neurociência. Minha visão pessoal – que obviamente não conta [*risos*], e é por isso que quero lhe fazer essas perguntas – é que a linguística não pode, não *deve*, ser acessória ao que atualmente sabemos sobre nosso cérebro; se é preciso fazer algo, o que devemos fazer é mudar e avançar em direção a uma unificação, talvez – *desde que* ousemos fazer uso do termo "mistério" do modo como você o utilizou. Em outras palavras, não se pode excluir a possibilidade de que os seres humanos jamais consigam compreender a criatividade na linguagem, isto é, a capacidade de expressar um pensamento verbal livremente, independentemente do ambiente físico. Na verdade, pode bem ser o caso

---

[12] Turing, Computing Machinery and Intelligence, *Mind*, n.59, 1950, p.442.

que devamos simplesmente parar diante dos "limites de Babel", isto é, dos limites da variação que pode atingir as línguas humanas, tal como dados independentemente da experiência. Da mesma forma, poderíamos considerar os "limites de Babel" como a "mente inicial" ou o "cérebro inicial" dos bebês, ou seja, como a capacidade potencial de adquirir qualquer língua dentro de um determinado espaço de tempo a partir do nascimento. A descoberta dessa incrível ligação entre a *estrutura* da linguagem e o cérebro é tão revolucionária que nos leva a uma surpreendente conclusão, que pode ser expressa de um modo que reverte a perspectiva tradicional de 2 mil anos: foi a carne que se tornou logos, e não o contrário. Gostaria que você comentasse um pouco essas questões.

**NC:** Eu sou uma espécie de minoria. Nós dois somos uma minoria. [*Moro ri*] Pode haver de fato um mistério. Veja só, por exemplo, os ratos, ou algum outro organismo. Você pode treinar um rato para percorrer labirintos bastante complicados. Você nunca vai conseguir treinar um rato para percorrer um labirinto de números primos, um labirinto que diz "vire à direita em cada número primo". A razão é que o rato simplesmente não tem esse conceito. E não há como dar a ele esse conceito. Está fora do alcance conceitual do rato. Encontra-se esse tipo de limitação em todos os organismos. Por que não encontraríamos em nós mesmos? Quero dizer, seríamos por acaso algum tipo de anjo? Por que não deveríamos ter a mesma natureza básica que os outros organismos? Na verdade, é muito difícil imaginar como *não* seríamos como eles. Pegue nossas capacidades físicas. Por exemplo, pegue nossa capacidade de correr 100 metros. Nós temos essa capacidade porque *não podemos* voar. A capacidade de fazer algo implica a falta de capacidade de fazer outras coisas. Quero dizer, nós temos uma habilidade porque somos de alguma forma construídos de modo que podemos fazer aquilo. Mas esse mesmo *design*, que nos permite fazer uma certa coisa, nos impede de fazer uma outra coisa. Isso é verdade em todos os domínios da existência. Por que não seria verdade para a cognição? Somos capazes de desenvolver – nós, os seres humanos, não eu em particular... Os seres humanos são capazes de desenvolver, digamos, uma teoria quântica avançada, com base em certas propriedades de suas mentes, e essas mesmas propriedades podem impedi-los de fazer outra coisa. Na verdade, acho que temos exemplos disso, exemplos bem plausíveis. Considere o momento crucial em ciência que foi quando os cientistas abandonaram a esperança de alcançar um "mundo inteligível". Houve muita discussão quando isso aconteceu. David Hume, um grande filósofo, em sua *História da Inglaterra* – sim, ele escreveu uma história enorme da Inglaterra – fez um capítulo todo dedicado unicamente a Isaac Newton. Ele descreve Newton, sabe, como a mente mais grandiosa que já existiu, e isso e aquilo. Hume disse que o grande feito de Newton foi afastar o véu de alguns dos mistérios da natureza – isto é, conceber a teoria da gravitação universal e de coisas similares – ao mesmo tempo que pôs de lado outros mistérios, que se ocultam de modos que talvez nunca compreendamos. Por exemplo: como é o mundo? Qual é a natureza dele? Talvez jamais consigamos compreender essa questão. Newton deixou-a de lado, como um mistério permanente. Bom, e até onde sabemos, ele estava certo.

## Os segredos das palavras

E há outros mistérios, talvez também permanentes. Por exemplo, Descartes e outros, quando consideraram que a mente é separada do corpo – note que *essa* teoria desmoronou porque a teoria do *corpo* estava errada; mas a teoria da mente podia muito bem estar correta. Uma das coisas com as quais eles se preocupavam era a ação voluntária. Você decide levantar o dedo. Ninguém sabe como isso é possível; até hoje não temos a menor ideia. Há cientistas que estudam o movimento voluntário – um deles é Emilio Bizzi, um dos grandes cientistas do MIT, um dos principais pesquisadores do movimento voluntário. Ele e seu colaborador Robert Ajemian recentemente escreveram, para a revista da Academia Americana de Artes e Ciências, um artigo com o estado-da-arte dessa questão. Nesse artigo, eles descrevem o que foi descoberto até agora sobre o movimento voluntário. Dizem que vão apresentar o resultado desse levantamento "com alguma fantasia".[13] É como se estivéssemos começando a entender a marionete e as cordas,

---

13 No original, *"fancifully"*, entre aspas. Pode significar "com (alguma) fantasia, com (alguma) imaginação" – acepção que utilizamos no texto. Mas também poderia significar "caprichosamente" ou "com (alguma) liberdade". (N. T.)

mas ainda não soubéssemos nada sobre o titereiro. A questão da ação voluntária continua sendo um mistério, tanto quanto tem sido desde a Grécia clássica. Não houve sequer um passo à frente, nada. Bom, talvez esse seja outro mistério permanente.

Há muitos argumentos que dizem: "Ah, isso não pode ser verdade. Tudo é determinístico", e coisas do gênero. Você encontra todo tipo de afirmação nesse sentido. Mas ninguém acredita realmente nesse tipo de posição, incluindo aqueles que apresentam razões. (Dois termostatos podem ser presos um ao outro para interagir, mas eles não se preocupam em buscar razões para isso.) A ciência não nos diz nada sobre o problema da ação voluntária. A ciência nos diz apenas que esse problema não está dentro de seus domínios, isto é, não está no domínio da ciência como ela é entendida no momento. A ciência pode lidar com coisas que são determinadas ou que são aleatórias. Isso foi compreendido no século XVII, e ainda hoje é verdade, obviamente. Você tem uma ciência para os eventos que são aleatórios, assim como para coisas que são determinadas; o que você não tem é uma ciência para a ação voluntária. Assim como você não tem uma ciência para a criatividade da linguagem. São situações similares. Seriam ambas mistérios permanentes? Pode ser. Pode ser que sejam coisas que nunca venhamos a compreender adequadamente.

Algo similar pode ser verdadeiro para alguns aspectos da consciência. O que significa, para mim, olhar para o fundo que estou vendo aqui agora e ver algo vermelho? Qual é a minha sensação de vermelho? Você pode descrever o que os órgãos sensoriais estão fazendo, o que está acontecendo no cérebro, mas isso não captura a essência de ver algo vermelho. Será que algum dia iremos capturá-la? Talvez não. É simplesmente algo que está além das nossas capacidades cognitivas. Mas, na verdade, isso não deveria nos surpreender de fato; somos criaturas orgânicas. É uma possibilidade.

Então, talvez o melhor que possamos fazer seja o que a ciência vem fazendo depois de Newton: construir teorias inteligíveis. Podemos tentar construir a melhor teoria que pudermos sobre a consciência, ou sobre a ação voluntária, ou sobre o uso criativo da linguagem, ou ainda sobre qualquer coisa de que estejamos falando. O milagre que tanto impressionou Galileu e Arnauld – e que ainda me impressiona, pois eu não consigo compreendê-lo – é: como podemos, com alguns símbolos, transmitir aos outros o funcionamento interno de nossa mente? Isso é algo que deveria surpreender e sobre o qual se deve questionar. Temos, sim, alguma compreensão do problema; mas não muita.

Quando comecei a investigar a história da linguística – que havia sido totalmente esquecida; ninguém sabia muito sobre ela –, descobri várias coisas. Uma das coisas que descobri foi o trabalho, muito interessante, de Wilhelm von Humboldt. Uma de suas afirmações, que se tornou famosa desde então, é que a linguagem "faz uso infinito de meios finitos". Pensa-se, muitas vezes, que a questão colocada por essa afirmação teria sido respondida com a computabilidade de Turing e a gramática gerativa, mas na verdade ela não o foi. Humboldt estava falando sobre o uso infinito, não sobre a capacidade gerativa. Sim, temos uma compreensão sobre como geramos as expressões que usamos, mas não sobre como as usamos. Por que decidimos dizer uma certa coisa, e não outra? Em nossas interações normais, por que transmitimos as operações internas de nossa mente para os outros de certa maneira específica, e não de outra? Ninguém entende esse processo. Portanto, o uso infinito da linguagem continua sendo um mistério, como sempre foi. O aforismo de Humboldt é frequentemente mencionado, mas nem sempre se reconhece a profundidade do problema que Humboldt formulou com ele.

**AM:** Pelo menos, como linguistas, podemos continuar seguindo o *slogan* de Jean Baptiste Perrin, um Nobel de física francês, que você uma vez nos disse ser a estratégia fundamental da ciência: reduzir o que é visível e complexo ao que é invisível e simples. Mais especificamente, em linguística, temos de buscar o conjunto primitivo e finito de elementos discretos que entram na computação da linguagem e as operações básicas que os reúnem para gerar a variedade potencialmente infinita de expressões linguísticas. Na introdução de seu livro *Lectures on Government and Binding* [Palestras sobre regência e ligação], de 1981 – um marco da linguística –, você sugeriu que a agenda de pesquisa da sintaxe deveria ser semelhante à da fonologia. A ideia era abandonar a taxonomia clássica das regras linguísticas – como a formação de perguntas, a passivização etc. – e vê-las como o resultado da interação de entidades mais abstratas. Os sons da linguagem são conjuntos de características mais abstratas – o que quer dizer, por exemplo, que a diferença entre os sons representados por "f" e "v" em *fine* [multa] e *vine* [videira] é parcialmente semelhante à diferença entre os sons de "s" e "z" em *see* [ver] e *zee* [zê] – sendo essa oposição tradicionalmente chamada de "sons desvozeados" *versus* "sons vozeados". Portanto, os sons "f" e "s" não são objetos monolíticos, mas o resultado da junção de características menores, que são compartilhadas por eles e que os opõem a outros sons. Em princípio, todos os sons da linguagem são formados pela combinação de características opositivas como essas. Com a sintaxe, essa "busca minimalista", como você a chamou em meados dos anos 1990, é de fato muito mais complicada e ambiciosa: encontrar os elementos primitivos e a operação combinatória das regras ou princípios sintáticos é obviamente mais difícil do que com os sons, pois não podemos confiar nem mesmo nos fatos físicos ou articulatórios. (Na verdade, o único fato físico e articulatório indiscutível relacionado à linguagem, a linearidade do sinal, é totalmente irrelevante para a sintaxe.) O cerne dessa abordagem revolucionária da sintaxe é elegantemente sintetizado por você na seguinte passagem de *Lectures on Government and Binding*:

> Essas "regras" (passiva, relativização, formação de perguntas etc.) são decompostas [nas análises apresentadas em *Lectures*] em elementos mais fundamentais dos subsistemas de regras e princípios. Esse desenvolvimento representa uma ruptura substancial em relação à gramática gerativa anterior [a *Lectures*] ou à gramática tradicional, que lhe serviu, em parte, de modelo. [A abordagem de *Lectures*] é reminiscente da transição da análise baseada em fonemas para a baseada em traços, realizada em fonologia pela escola de Praga.[14]

Você frequentemente descreve essa mudança crucial de paradigma como sendo proveniente de dois tipos básicos de fatos: a similaridade substancial das restrições sintáticas que são encontradas nas línguas, apesar

---

14 As expressões entre colchetes são interpolações dos tradutores, a fim de tornar mais clara a passagem citada por A. Moro. (N. T.)

de sua aparente diversidade, e a similaridade substancial do processo de aquisição da linguagem por que passam as crianças em todas as línguas, apesar da percepção subjetiva de que os adultos supostamente desenvolvem em diferentes graus de complexidade o conhecimento de sua língua. Só há uma solução com a qual se pode esperar capturar esses dois fatos de forma unificada, que é aquela que você propôs: primeiro, há um conjunto único de elementos primitivos (além da arbitrariedade saussuriana) e de operações combinatórias básicas simples; segundo, a interação desses elementos primitivos e dessas operações básicas gera um sistema muito complexo que permite certos graus restritos de liberdade, referidos tecnicamente como "parâmetros" – possivelmente ligados exclusivamente aos próprios elementos primitivos. A diversidade impressionante de línguas que percebemos como adultos é efeito de pequenas variações nesse sistema complexo único; mas isso não deveria ser completamente surpreendente, quando se considera a linguagem a partir de uma perspectiva biológica. Na verdade, a diversidade de línguas deveria se parecer com o que observamos no domínio dos organismos vivos, no qual as diferentes espécies de animais, por exemplo, são o resultado de diferenças na ordem e na quantidade das mesmas "letras" na sequência de uma mesma molécula polimérica (DNA). Todas as crianças nascem equipadas com o mesmo conjunto básico de elementos primitivos e de operações linguísticas, que pode potencialmente lhes proporcionar a aquisição de qualquer língua; testemunho disso é o fato de que a língua dos pais não influencia a língua da criança se ela for criada numa comunidade que fala outra língua. Essa é a caracterização formal da "mente inicial" da criança, quando se trata do processo de aquisição da linguagem, e o reduz à descoberta da combinação de parâmetros selecionados pelo ambiente, combinação que se torna fixa como a gramática definitiva da criança. Em outras palavras, a gramática gerativa pode ser considerada como a teoria dos limites dentro dos quais a experiência pode influenciar a estrutura da linguagem.

Juntamente com esse tipo de evidência, para apoiar essa "visão mendeleviana" da linguagem, talvez eu pudesse acrescentar minha própria experiência no campo experimental. Sem essa nova abordagem da linguística, não haveria esperança de explorar os correlatos neurobiológicos da sintaxe para então chegar à caracterização da "mente básica". A taxonomia tradicional está muito distante do que sabemos sobre os mecanismos reais do cérebro para que possa ser usada como um guia para inspecionar redes neurobiológicas reais. Por outro lado, não atingimos (ainda) um nível satisfatório de abstração, mas esta é a mesma situação enfrentada por toda ciência empírica, de maneira prototípica na física. No entanto, algumas características cruciais das operações linguísticas parecem agora razoavelmente identificadas, como a sua capacidade de serem aplicadas um número indefinido de vezes (aquilo que chamamos, em termos técnicos, de "recursividade"), o seu caráter "cego" (isto é, não teleológico), ou o papel da instabilidade como "enzima básica" para o florescimento daqueles "flocos de neve de palavras" que chamamos de frases, para empregar uma bela metáfora que você usou para descrever "a linguagem como um todo". Em particular, o papel das estruturas "instáveis" no projeto minimalista ligadas à noção de simetria me lembra as palavras do próprio Alan Turing. Em um contexto diferente, ao tentar reduzir os tipos de morfogênese na biologia à interação de alguns elementos simples, ele considerou a instabilidade como um mecanismo central: "Sugere-se que um sistema [...] embora possa ser originalmente bastante homogêneo, pode posteriormente desenvolver um padrão ou estrutura devido a uma instabilidade do equilíbrio homogêneo, que é desencadeado por distúrbios aleatórios. [...] Descobriu-se que há seis formas essencialmente diferentes que isso pode assumir".[15] De maneira semelhante, alguns aspectos fundamentais da diversidade de estruturas sintáticas podem ser o resultado de uma relativa instabilidade causada pela geração de alguns poucos padrões básicos envolvendo simetria.[16]

Essa fascinante dissecação das línguas humanas às vezes me lembra uma sensação que experimentei na infância, quando, desafiando todas as advertências, eu olhava secretamente por trás das tapeçarias dos museus. Agradava-me perceber que os

---

15 Turing, The Chemical Basis of Morphogenesis, *Philosophical Transactions of the Royal Society of London, Series G: Biological Sciences*, 237, n.641, 1952, p.37-72.
16 Moro, *Dynamic Antisymmetry*; Chomsky, Problems of Projection, *Lingua*, n.130, 2013, p.33-49.

pedaços coloridos que aparecem no lado visível, formando quadros tão elaborados, não passavam de fios costurados para dentro e para fora do tecido, de tal maneira que formavam conexões inesperadas entre diferentes partes do desenho. Desdobrar as estruturas sintáticas arbóreas que estão comprimidas em sequências lineares de palavras enganosamente mais simples, observar suas urdiduras e tramas ocultas, tudo isso me dá aquela mesma sensação e me leva à conclusão de que somente é possível postular a existência daquilo que tem algum papel na explicação de algum fenômeno.

Minha pergunta, agora, é a seguinte: quais você imagina que serão os próximos passos nessa busca pelos componentes mínimos da linguagem e por uma melhor perspectiva para esse lado oculto dela?

**NC**: Prever o futuro da investigação científica é se aventurar em águas desconhecidas, podendo até ser uma tarefa insensata. Talvez surjam algumas novas ideias instigantes, surpreendendo a todos nós. Mas, atendo-me ao que hoje compreendemos razoavelmente, o que vem à mente são algumas possibilidades desafiadoras.

Uma delas é estender para novas áreas o paradigma neurolinguístico que você desenvolveu. A dependência de estrutura – uma propriedade fundamental com consequências de longo alcance – está bem estabelecida em suas bases conceituais e empíricas, o que agora também se estende à neurolinguística. Existem outros candidatos que buscam um *status* semelhante. Você mencionou as restrições de localidade, encontradas em muitas áreas. Presumivelmente, elas têm uma origem comum, talvez em alguma noção de busca mínima. Olhando mais além, a restrição de busca ocorre fora da localidade, como mostraram pesquisas recentes. E a restrição de busca que ocorre no domínio de deslocamento que você considerou, a principal área de investigação na aplicação do conceito de localidade, levanta a questão de por que existe deslocamento – e não apenas deslocamento, mas também a "reconstrução" automática, o fato de que, em frases como "o que o João viu?", entendemos "o que" como sendo o objeto direto de "ver". Existem correlatos neurais que poderiam lançar alguma luz sobre esses tópicos tão atuais?

Assim que as questões são levantadas, inúmeras outras imediatamente vêm à mente. Por exemplo, será que a investigação neurolinguística poderia esclarecer as muitas questões que surgem sobre construções *in situ* com interpretações e propriedades semelhantes, mas sem deslocamento (ou com deslocamento parcial), ou sobre os resíduos deixados pelo deslocamento cíclico sucessivo?

A questão mais profunda, que é a de entender por que o deslocamento ocorre, traz à tona o tópico da antissimetria dinâmica, que você explorou em profundidade, em particular como um fator motivador do deslocamento. Aqui surgem muitas perguntas: por que tais estruturas são "instáveis", exigindo deslocamento? Como esse fator de deslocamento interage com outras considerações que têm sido propostas, entre elas a teoria do caso abstrato de Vergnaud e a identificação de categorias (rotulagem)? Dos muitos dilemas que surgem, poderiam alguns ser iluminados pela investigação neurolinguística?

Até recentemente, a onipresente propriedade do deslocamento-reconstrução era considerada uma complexidade problemática da linguagem natural, contrastando com a operação esperada, que é a de unir dois elementos – e que muitas vezes forma uma instabilidade que deve ser superada pelo deslocamento. Agora temos boas razões para acreditar que o oposto é verdadeiro, razões que estão relacionadas à condição mínima de busca que aparece proeminentemente na localidade. As considerações que surgem são muito parecidas com aquelas que você levantou em relação aos parâmetros e aos traços distintivos da fonologia de Praga. E também são parecidas com as que surgem na ciência em geral, uma vez que ela persegue os objetivos capturados na frase concisa de Perrin que você citou.

Por que, por exemplo, existem tais e tais elementos químicos, e não outros, e quais são os componentes ocultos de que são constituídos?

Será que as investigações neurolinguísticas poderiam ser projetadas para fornecer *insights* sobre os muitos quebra-cabeças que aparecem por toda parte, a partir do momento em que tentamos ir além da mera descrição, em direção a uma explicação genuína?

Essas reflexões mal começam a penetrar as complexidades da linguagem. Quebra-cabeças e desafios abundam, talvez até haja mistérios que estão além do nosso alcance cognitivo. Já percorremos um longo caminho desde os dias em que parecia haver "respostas" para quase tudo. Isso é um bom sinal.

A situação atual me lembra o título de uma coletânea de ensaios em homenagem a um dos mais destacados filósofos contemporâneos, que foi meu amigo íntimo até seus últimos dias, Sidney Morgenbesser: *How Many Questions?* [quantas questões?][17]

**AM**: Nosso tempo acabou. Deixe-me agradecer por esta conversa extremamente interessante. Sinto saudades do tempo em que podíamos fazer isso pessoalmente, mas, em nome dos organizadores do Festivaletteratura di Mantova e do público, deixe-me agradecer por tudo o que você disse e pelo tempo que dedicou a nós. Foi uma ótima conversa, para mim, para todos nós. Muito obrigado.

**NC**: Foi um prazer. Foi muito bom conversar com você.

*Tucson e Pavia, julho de 2021.*

---

17 Cauman; Levi; Parsons; Schwartz (eds.). *How Many Questions? Essays in Honor of Sidney Morgenbesser*.

# O QUE RESTA DO FUTURO: NOTAS MARGINAIS PARA UMA CONVERSA

É um exercício em que muitos de nós nos envolvemos em muitas esferas da vida, e uma questão a ser pensada: o que restará do presente? O que restará da música de hoje daqui a quinhentos anos? O que restará da literatura de hoje? Como serão a biologia e a física? Identificar-se com aqueles que viveram há quinhentos anos e conjecturar a partir disso não vai ajudar muito, porque a história nunca permite previsões fáceis. Considere a literatura, por exemplo: em 1521, poder-se-ia estar razoavelmente certo de que a *Comédia* de Dante (já então "Divina" por duzentos anos) sobreviveria ao tempo; porém, não pareceria óbvio que o *Orlando furioso* de Ariosto, por exemplo, resistiria à oxidação da memória.

Podemos perguntar o mesmo sobre o estudo da linguagem humana e, embora a questão possa ser fútil, ela não é tola, pois nos obriga, ainda que apenas em nossa imaginação, a dispensar as ideologias que muitas vezes podem interferir no julgamento científico. A crença comum pode afirmar que o desenvolvimento da ciência é perfeitamente racional – mecânico e algorítmico, até –, mas isso está longe de ser verdade. Em especial quando se trata do estudo da linguagem, porque a própria linguagem é uma espécie de fio condutor que caracteriza o pensamento de cada época – uma "questão homérica", como diriam alguns estudiosos. Na verdade, até poderíamos dizer que a interpretação da linguagem humana é, justamente, a grande questão homérica da humanidade, a questão que, ao longo do tempo, incorpora a visão dominante e revela nossos traços essenciais, alguns dos quais podemos não nos importar em explicitar, seja porque os negligenciamos ou porque parecem tão óbvios que não precisam ser declarados.

O que restará, então, daquilo que hoje sabemos sobre a linguagem humana? Vamos dar um pequeno passo para trás. Na década de 1950, em plena revolução estruturalista que, a partir de Ferdinand de Saussure em Genebra, se estendeu não só ao restante da Europa como também aos outros continentes e, ainda mais importante, a outros domínios para além da linguística,[18] apenas algumas coisas sobre a linguagem eram certas. E duas delas foram reconhecidas como conquistas. A primeira certeza era a de que Babel era um continente sem fronteiras: as línguas podiam variar "indefinidamente e sem limites" (como argumenta, com autoridade, Martin Joos).[19] A segunda certeza era de que a estrutura desse colossal artefato era pura invenção, e as regras das línguas eram "convenções culturais arbitrárias", comparáveis, como disse Eric Lenneberg (em seu argumento contra essa ideia), às regras dos jogos de cartas, dos esportes ou do xadrez.[20] Passado um século, ainda temos poucas certezas sobre a linguagem, talvez até menos do que tínhamos então, mas o

---

18 Lepschy, *La linguistica del Novecento*; Graffi, *200 Years of Syntax: A Critical Survey*.
19 Hamp; Joos; Householder; Austerlitz, *Readings in Linguistics I and II*.
20 Lenneberg, *Biological Foundations of Language*.

que sabemos é que essas duas certezas – a variação ilimitada e a convencionalidade pura das regras – revelaram-se completamente falsas: as línguas não variam indefinidamente; antes, são circunscritas por restrições formais robustas que limitam os tipos de regras que seguem,[21] e "os limites de Babel" não são de forma alguma "convenções culturais arbitrárias"; eles são, ao contrário, a expressão da estrutura neurobiológica do cérebro humano.[22]

Como em qualquer domínio científico, uma revolução não é a expressão de um único indivíduo, mas o reflexo do *Zeitgeist* que lhe permitiu criar raízes; o gatilho, no entanto, muitas vezes pode ser atribuído à intuição de um único indivíduo. No caso do estudo da linguagem humana, foi o programa de pesquisa de Noam Chomsky, tecnicamente conhecido como "gramática gerativa" (ou "gramática explícita"), que impulsionou essa mudança radical de perspectiva e demoliu as duas falsas crenças que guiavam

---

21 Rizzi, The Discovery of Language Invariance and Variation, and Its Relevance for the Cognitive Sciences, *Behavioral and Brain Sciences*, n.32, 2009, p.467-8.
22 Moro, *The Boundaries of Babel: The Brain and the Enigma of Impossible Languages*; e também *Impossible Languages*.

os linguistas. Mas a força propulsora dessa mudança de paradigma não envolveu apenas uma simples demolição: a meu ver, essa mudança pode ser resumida em três contribuições distintas e interdependentes.

A primeira contribuição de Chomsky foi colocar um domínio característico da gramática – a sintaxe – dentro do escopo mais amplo das ciências empíricas; um domínio de não pouca importância, que dominaria a pesquisa linguística ao longo da segunda metade do século XX. Esse foco na sintaxe ofuscou a prevalência da análise fonológica e morfológica que havia caracterizado o período imediatamente anterior, a tal ponto que o período iniciado por Chomsky seria aclamado como "a era das teorias sintáticas".[23] Essa reestruturação epistemológica e metodológica pode ser dividida em três partes.

Em primeiro lugar, a sintaxe se presta a uma descrição matemática relativamente mais imediata do que, por exemplo, a semântica (embora esta certamente não esteja isenta dela):[24] dado um conjunto de

---

23 Graffi, *200 Years of Syntax*.
24 Partee; Meulen; Wall, *Mathematical Models in Linguistics*; Delfitto, Linguistica chomskiana e significato: Valutazioni e

palavras como elementos primitivos, a sintaxe é a função que gera todas as sequências possíveis de palavras e, portanto, pode ser tratada por meio de uma álgebra ou por meio de matemática discreta. Uma forma mais precisa de descrever a sintaxe seria supor que ela gera um número infinito de expressões estruturadas, mas não ordenadas, que se tornam sequências ordenadas de elementos apenas quando ocorre um processo de externalização, ou seja, quando o cérebro prepara uma expressão linguística de acordo com as condições extralinguísticas impostas pelo sistema articulatório (quer no caso de a frase ser proferida, quer no caso de permanecer parte da atividade mental interna do indivíduo). É importante notar que, aqui, *geração* é, em sua natureza, um conceito matemático e que não deve ser confundido com um *processo*: é apenas a identificação de um número infinito de objetos. A *produção*, por outro lado, é um processo que deve atender a requisitos extralinguísticos. Essa distinção crucial tem consequências profundas e abrangentes; ela exclui, entre outras coisas,

---

prospettive, *Lingue e Linguaggio*, n.2, 2002, p.197-236; Chierchia, *Logic in Grammar: Polarity, Free Choice, and Intervention*.

a possibilidade de comparar com a geração sintática as atividades de planejamento motor relacionadas à articulação que faz parte do processo de produção, bem como exclui a possibilidade de que a evolução das atividades motoras envolvidas na articulação possa ter desempenhado um papel na evolução da estrutura da linguagem.[25]

Em segundo lugar, deve-se notar que, antes das obras inaugurais de Chomsky, a sintaxe pairava entre a *langue* e a *parole* saussurianas, as duas dicotomias básicas estruturalistas: um sistema geral de oposições *versus* um conjunto de atos individuais de fala. Essa dicotomia estabelecida por Ferdinand de Saussure era algo sobre o qual ele mesmo hesitava, e tornou-se ambígua nas análises estruturalistas subsequentes (particularmente no caso da estrutura oracional – a análise formal das sentenças – que Saussure e muitos outros linguistas influentes, como Antoine Meillet, consideravam um ato da *parole*).[26]

---

25 Moro, On the Similarity between Syntax and Actions, *Trends in Cognitive Sciences*, v.18, n.3, 2014, p.109-10; idem, Response to Pulvermueller: The Syntax of Actions and Other Metaphors, *Trends in Cognitive Sciences*, v.18, n.5, 2014, p.221, contra Corballis, *From Hand to Mouth: The Origins of Language*.
26 Graffi, *200 Years of Syntax*.

Em vez disso, Chomsky forneceu uma noção coerente para descrever sistemas de regras, noção tecnicamente chamada de *competência* – em oposição à noção de *desempenho*, que se refere ao uso real da linguagem em situações concretas –,[27] e incluiu na competência a sintaxe e as estruturas oracionais. Chomsky, de fato, considerou essa distinção entre competência e desempenho como um renascimento moderno da distinção aristotélica entre a posse do conhecimento (geração, no sentido matemático) e o uso do conhecimento (produção, percepção, atos mentais de todos os tipos) – com a diferença fundamental de que a geração poderia agora ser explicitamente descrita por meio de algoritmos matemáticos.

Em terceiro lugar, a decisão de Chomsky de adotar o chamado "estilo galileano de pesquisa" praticamente anulou o que havia sido uma afirmação comum, tão frequentemente entusiástica quanto infundada: a de que as línguas humanas poderiam ser investigadas cientificamente, mas que suas regularidades só poderiam ser capturadas de modo automático pelo reconhecimento estatístico

---

27 Chomsky, *Aspects of the Theory of Syntax*.

de uma quantidade suficientemente grande de dados.[28] Essa ideia – de que a estrutura das línguas poderia ser totalmente capturada de forma automática por um reconhecimento estatístico baseado em cadeias markovianas – foi considerada válida não apenas de uma perspectiva metodológica, mas também a partir de uma fundamentação psicológica, no sentido de que o mesmo tipo de reconhecimento estatístico era considerado o único meio pelo qual todas as crianças aprendem espontaneamente sua língua materna – como se o estímulo recebido contivesse todas as instruções necessárias para as crianças construírem sua gramática. A reação de Chomsky a essa ideia direcionou-se aos dois níveis: ele demonstrou que os modelos estatísticos adotados (as cadeias markovianas) não conseguiam capturar as regularidades das línguas naturais;[29] e argumentou que o estímulo disponível para as crianças era muito pobre para ser a fonte de uma estrutura tão complexa como uma gramática humana para explicar a aquisição

---

28 Shannon; Weaver, *The Mathematical Theory of Communication*.
29 Chomsky, Three Models for the Description of Grammar, *IRE Transaction on Information Theory* IT-2, 1956, p.113-24.

espontânea da linguagem pelas crianças, e que seria necessário algo mais complexo do que a simples combinação de uma *tabula rasa* com um modelo estatístico.[30] Além disso, a afirmação de que um fenômeno linguístico não deveria ser questionado de acordo com critérios experimentais, mas sim mostrar sua análise diretamente por meio de seus aspectos superficiais, é única entre todas as ciências empíricas. Se esse método fosse adotado na física, por exemplo, seria o equivalente a afirmar que a análise de um número suficientemente grande de fotografias do céu tiradas do peitoril da janela seria suficiente para produzir uma teoria heliocêntrica do sistema solar: certamente não é impossível, mas não foi assim que a história real dessa teoria científica se desenrolou, nem seria possível que ela se desenvolvesse assim num espaço razoável de tempo. As descobertas científicas, em vez disso, tiveram de proceder por meio de *insights*, estratégias de tentativa e erro, hipóteses,

---

30 Chomsky, Review of Skinner 1957, *Language* 35, 1959, p.26-58; idem, *Lectures on Government and Binding*; Piattelli-Palmarini (ed.), *Language and Learning: The Debate between Jean Piaget and Noam Chomsky*; Yang, Universal Grammar, Statistics or Both? *Trends in Cognitive Science (TICS)*, v.8, n.10, 2004, p.451-6.

idealizações e, talvez, até mesmo por meio de um certo gosto estético irracional pela simetria: teorias tiveram de ser construídas sem que fossem deduzidas automaticamente por meio de análises puramente estatísticas, aproximando-se progressivamente, ao contrário, de uma verdadeira interpretação dos fenômenos.

Quando se trata da linguagem, o linguista e a criança seguem o mesmo caminho, exceto pelo fato de que o linguista age voluntariamente, ao passo que, para a criança, a descoberta da gramática é algo que "acontece" instintivamente e sem esforço – ou, como disse Chomsky, as crianças aprendem gramática como aprendem a andar ou a digerir (e nenhuma criança aprende a digerir por meio da imitação). Mais explicitamente, o processo espontâneo de aquisição da linguagem é um processo inconsciente, uma seleção que se faz a partir da abundância de informações de que um indivíduo é biologicamente dotado antes de qualquer experiência;[31] um processo de seleção que acaba por

---

31 Piattelli-Palmarini, Evolution, Selection and Cognition: From "Learning" to Parameter Setting in Biology and the Study of Language, *Cognition* 31, 1989, p.1-44.

corresponder a um processo neurobiológico de "poda" de sinapses na intrincada floresta do cérebro.[32] Usando a expressão muito vívida e famosa de Jacques Mehler, esse modelo revolucionário às vezes é conhecido como "aprender por esquecimento".[33] O objetivo é capturar o "estado zero" da mente humana – anterior a cada experiência linguística –, ou o que poderíamos chamar de "mente básica" linguística: um estado "totipotente", no sentido de que a mente permanece aberta, por um período limitado de tempo, para qualquer língua possível.

A inclusão da sintaxe nas ciências empíricas teve mais duas consequências, cujo alcance ainda não foi totalmente calculado: uma consequência para o domínio comparativo (no sentido da biologia comparada) e outra para o domínio tecnológico.

Quanto à primeira, muitos experimentos confirmaram uma hipótese que Descartes já

---

[32] Changeux, *L'homme neuronal*, traduzido por Laurence Garey como *Neuronal Man: The Biology of Mind*; Changeux; Courrege; Danchin, A Theory of the Epigenesis of Neuronal Networks by Selective Stabilization of Synapses, *Proceedings of the National Academy of Science PNAS* 70, n.10, 1973, p.2974-8.

[33] Mehler, Connaitre par desapprentissage, in: Morin; Piattelli-Palmarini (eds.), *L'Unité de l'Homme 2: Le Cerveau Humain*, p.25-37.

havia formulado no nível intuitivo, a saber, que na sintaxe reside a distinção fundamental entre a linguagem dos humanos e a de todos os outros seres vivos. Nós somos os únicos capazes de recombinar um conjunto limitado de elementos discretos (em sentido amplo, as palavras) para gerar um conjunto potencialmente infinito de expressões (em sentido amplo, as frases). Isso é particularmente evidente em relação aos nossos primos mais próximos, os primatas,[34] mas também vale para outros animais, como as aves.[35] Se a consequência disso no campo da biologia é positiva (na medida em que fornece novos dados e perspectivas que confirmam o que havia sido uma poderosa intuição), no campo da tecnologia é diferente: sabemos que as máquinas podem apenas se aproximar da sintaxe correta, e que essa

---

34 Veja, por exemplo, Terrace et al., Can an Ape Create a Sentence? *Science* 206, n.4421, 1979, p.891-902; Genty; Byrne, Why Do Gorillas Make Sequences of Gestures? *Animal Cognition* 13, 2010, p.287-301, disponível em: <https://doi.org/10.1007/s10071-009-0266-4>; e Schlenker et al., Formal Monkey Linguistics, *Theoretical Linguistics* 42, n.1-2, 2016, p.1-90.
35 Bolhuis et al., Meaningful Syntactic Structure in Songbird Vocalizations?, *PLOS Biology* 16(6), 2018, e2005157; Beckers et al., Birdsong Neurolinguistics: Songbird Context-Free Grammar Claim Is Premature, *NeuroReport*, 23, 2012, p.139-45.

aproximação é apenas uma simulação do comportamento humano, e não uma compreensão dos mecanismos neurobiológicos reais subjacentes à capacidade que torna esse comportamento possível. De fato, devemos necessariamente fazer uma distinção nítida entre *simulação* e *compreensão*; caso contrário, cria-se uma situação perigosamente enganosa. É desnecessário dizer que a simulação pode, de fato, ser muito útil, mas responde a questões diferentes daquelas destinadas a descobrir e compreender os mecanismos reais subjacentes à faculdade da linguagem. O domínio da biologia e o da tecnologia não devem ser confundidos – seja no objeto de estudo, no método empregado ou no objetivo da pesquisa. Muitas das expressões em voga hoje – de *inteligência artificial* (que substituiu o obsoleto *cibernética*) a *nativos digitais*, chegando à ideia enganosa de que as línguas são um *software* rodando livremente no *hardware* do cérebro – são, na melhor das hipóteses, metáforas, mais úteis para aqueles que visam identificar e estimular uma nova classe de consumidores do que para os interessados em compreender os fenômenos naturais. O pesadelo potencial de uma língua projetada artificialmente que fosse imposta aos humanos, no entanto, é, felizmente, impossibilitado pela natureza biológica dos mecanismos reais das estruturas linguísticas, como veremos quando discutirmos a terceira contribuição de Chomsky; por enquanto, pelo menos, tal tipo de violência é concebível apenas em romances.[36]

A segunda contribuição de Chomsky foi inventar um aparato formal e um método sem os quais seria impossível descobrir e reconhecer a unidade essencial subjacente à diversidade aparentemente acidental das línguas – e fazê-lo emulando o método adotado para a fonologia pela escola de Praga.[37] Isso trazia consigo o que já havia acontecido na física, que, desde Galileu, entendeu que o livro da natureza estava escrito em números; na linguística, o objetivo central foi, e ainda é, identificar um alfabeto básico para os capítulos que tratam, nesse mesmo livro, da

---

36 Moro, *Il segreto di Pietramala*; tradução em inglês (no prelo) como *The Secret of Pietramala*.
37 Cf. Chomsky, *Lectures on Government and Binding*; e também *The Minimalist Program*; para uma análise retrospectiva, veja Chomsky, *The Generative Enterprise Revisited*; Problems of Projection, op. cit.; Chomsky; Gallego; Ott, Generative Grammar and the Faculty of Language: Insight, Questions and Challenges, *Catalan Journal of Linguistics*, Special issue, 2019; e Moro, *I Speak, Therefore I Am: Seventeen Thoughts about Language*.

linguagem. Não se trata, de forma alguma, de um aspecto marginal, ainda que seja frequentemente subestimado. Isso deu à linguística contemporânea uma aparência simplista, até mesmo caricatural, mas a única razão pela qual qualquer área da ciência experimental é capaz de progredir de forma substancial (isto é, além das intuições subjetivas) é por meio de uma linguagem formal, capaz de selecionar as propriedades salientes dos elementos primitivos e de construir uma álgebra composicional para orientar a pesquisa empírica. A física, a química, a biologia, a genômica, nenhum domínio está isento desse esforço – tanto que a pesquisa em qualquer campo da ciência pode ser resumida pelo lema ecumênico de Jean Perrin, que afirma que a tarefa da ciência é "explicar o que é visível e complicado por meio do que é simples e invisível".[38] Foi por meio desse aparato formal que uma enorme massa de fenômenos sintáticos, nunca antes descrita, foi trazida à luz, com dados tanto de línguas indo-europeias como de muitas outras famílias linguísticas. Esse progresso histórico foi documentado concretamente

---

38  Perrin, *Les atoms*.

em obras como a monumental enciclopédia de sintaxe editada por Martin Everaert e Henk van Riemsdijk,[39] mas também por um número crescente de investigações comparativas em níveis cada vez mais "microscópicos" de análise, como a divisão de morfemas flexionais em unidades menores, que começou com a chamada hipótese *Split-Infl*[40] e se desenvolveu em uma linha de pesquisa muito produtiva conhecida como "cartografia linguística".[41] E foi com base em um reconhecimento empírico tão amplo e em um aparato formal unificador que nasceram as grandes sínteses teóricas que levaram à construção de um modelo geral da competência sintática humana.[42] O resultado mais importante foi a descoberta imprevisível e inédita de que toda regra e toda construção, em todas as línguas, aderem ao princípio da

---

39 Everaert; Riemsdijk (eds.), *The Wiley Blackwell Companion to Syntax*.
40 Inaugurada por Andrea Moro, Per una teoria unificata delle frasi copulari, *Rivista di Grammatica Generativa*, n.13, 1988, p.81-110; Pollock, Verb Movement, UG, and the Structure of IP, *Linguistic Inquiry* n.20, 1989, p.365-424; e Belletti, *Generalized Verb Movement*.
41 Cinque; Rizzi, The Cartography of Syntactic Structures, in: Heine; Narrog (eds.), *Oxford Handbook of Linguistic Analysis*, p.51-65.
42 Roberts, From Rules to Constraints, *Lingua e stile* 23, 1988, p.445-64.

dependência de estrutura baseada nas estruturas hierárquicas geradas recursivamente, a propriedade mais fundamental da linguagem – em vez de se basearem na ordem linear de palavras, que é, ironicamente, a única propriedade indiscutível das linguagens humanas.[43]

Um exemplo de dependência de estrutura pode ser encontrado na descoberta dos chamados princípios de preservação de estrutura e, entre eles, as "restrições de localidade". Esse termo se refere aos limites nos quais os itens sintáticos podem atuar a distância, quando calculados em uma métrica bidimensional gerada pela montagem de unidades sintáticas de forma binária e recursiva.[44] Um exemplo prototípico é o conhecido fenômeno do "movimento sintático" (também chamado de "constituintes descontínuos"),[45] tal como a distância em que um

---

[43] A "dependência de estrutura" é uma forma compacta de dizer que o que importa na sintaxe é a estrutura hierárquica fornecida por mecanismos recursivos binários simples de composição, em vez da ordem expressa linear (das palavras). Esse princípio acabou sendo apoiado por evidências neurobiológicas; ver Moro, *Impossible Languages*.

[44] Manzini, *Locality*; Rizzi, Labeling, Maximality and the Head-Phrase Distinction, *Linguistic Review*, v.33, n.1, 2016, p.103-27.

[45] Pike, Taxemes and Immediate Constituents, *Language*, n.19, 1943, p.65-82; Graffi, *200 Years of Syntax*.

pronome interrogativo pode atuar em relação ao verbo que o rege, como nos seguintes exemplos: *O que você acha que o Pedro gostaria de provar antes de aceitar os biscoitos?* vs. *\*O que você acha que o Pedro gostaria de provar alguns biscoitos antes de aceitar?* Não há nenhuma razão lógica para o fato de o segundo exemplo ser agramatical, nenhuma razão lógica para o fato de *O que* não poder ser o complemento de *aceitar*, mas poder ser o complemento de *provar*. Isso não pode ser atribuído a uma incapacidade da memória de guardar o início da frase, pois *provar* poderia estar ainda mais distante do que *aceitar* em termos de número de palavras que o separam de *O que*, e mesmo assim a frase ainda poderia ser gramatical. O mesmo vemos no seguinte exemplo: *O que a Lúcia acha que o João sabe que o Pedro gostaria de provar antes de aceitar os biscoitos?*. As razões para essas restrições são puramente formais e não podem ser atribuídas a nenhum outro componente cognitivo. A análise comparativa das condições de localidade não apenas revelou a invariância substancial dessas condições nas línguas do mundo, mas também permitiu que os linguistas levantassem hipóteses e identificassem pontos de variação mínima, idealmente binária, nos sistemas gramaticais. Esses pontos, tecnicamente definidos como "parâmetros", estão associados aos possíveis estados de gramáticas que não são previsíveis e deriváveis por princípios. A ideia por trás da teoria dos parâmetros é que esses pontos mínimos e imprevisíveis de variação tenham efeitos tão intrincados na arquitetura geral da gramática que as línguas podem acabar parecendo consideravelmente diferentes, a tal ponto que a variação entre as línguas já foi tida como um fenômeno qualitativo, irredutível e ilimitado. O fato de variações mínimas poderem produzir grandes diferenças em sistemas complexos é outra forma de reforçar a hipótese de que as estruturas da linguagem compartilham muitas propriedades com fenômenos biológicos, da mesma forma que diferentes espécies podem resultar de diferenças genéticas no nível molecular.

Contudo, a experiência está longe de ser um fator irrelevante na visão de Chomsky sobre a aquisição da linguagem; o sistema de princípios invariantes e de parâmetros de variação pode de fato ser considerado como a identificação formal de uma grade biologicamente determinada, projetada para limitar os efeitos da experiência na variação linguística, com óbvias consequências de longo alcance para a aquisição e a evolução da linguagem. Esse aparato formal foi o que levou à construção de teorias sintáticas inovadoras; um dos exemplos emblemáticos é a hipótese de que a combinação sintática é sempre binária.[46] Essa hipótese, sozinha, permitiu muitas análises e teorias que não têm precedentes imediatos na linguística, tal como a derivação da estrutura frasal a partir de um único axioma[47] ou a teoria unificada da estrutura frasal e do movimento sintático.[48]

No entanto, a utilidade desse sistema formal não vem apenas de seu poder sintético e dedutivo. Essa linguagem formal também tem, no final das contas, um forte poder heurístico: ela revela a organização oculta da realidade, destaca semelhanças não aparentes e nos permite entrar em regiões de cuja existência nem sequer estávamos cientes. É como se você pudesse observar o lado de trás de uma tapeçaria e ver como os pontos distintos que compõem a imagem na

---

46 Kayne, *Connectedness and Binary Branching*.
47 Idem, *The Antisymmetry of Syntax*.
48 Moro, *Dynamic Antisymmetry*.

parte frontal não estão realmente desconectados: esses pontos são na verdade pequenas porções de um fio que emergem de um sistema intrincado cujo caminho oculto é inacessível à visão direta imediata; temos de reconstruir esse caminho fazendo deduções do que vemos, mas essa nova perspectiva da "parte de trás" confirma e explica tudo, no final. De certa forma, é esse lado oculto que é real, quando se trata de uma tapeçaria. E esse lado oculto está longe de ser caótico quando você entende os princípios subjacentes aos caminhos dos fios. É o mesmo sistema formal que permitiu que a tabela periódica dos elementos se tornasse o modelo prototípico da pesquisa científica e que permitiu aos linguistas sonhar com uma "tabela periódica" das línguas humanas. O fato de essa tabela linguística ainda não estar disponível e não estar completa não significa que ela não exista; nenhuma tabela científica jamais foi preenchida rapidamente. Essa visão poderosa das línguas do mundo como sendo variações de um mesmo tema (como a unificação que ocorreu na biologia com o advento da biologia molecular) obviamente teve um grande impacto em todos os setores, inclusive na antropologia; por exemplo, ela acaba com a distinção de qualidade entre línguas e seus supostos méritos individuais – um resíduo tortuoso e perigoso da noção de raça que contribuiu para a ideologia delirante da "pureza" da raça ariana.[49] Apesar de todas as diferenças superficiais e aparentes, todo ser humano, em essência, fala a mesma língua, da mesma forma que todo ser humano tem, em essência, o mesmo rosto (a ideia de que, em um certo nível de abstração, os humanos têm o mesmo rosto é uma intuição que pintores como Albrecht Dürer já tinham no século XVI). Diante disso, se quisermos argumentar que todo ser humano tem uma face diferente, devemos assumir que todo ser humano também fala uma língua diferente e, portanto, nenhuma maneira de pensar ou de perceber a realidade pode ser considerada vantajosa com base no uso de qualquer língua específica. A objeção típica feita por muitos adultos de que algumas línguas são objetivamente mais complexas do que outras é completamente refutada, por exemplo, pelo fato de que as crianças aprendem *qualquer* língua, em média, no *mesmo*

---

49 Andrea Moro, *La razza e la lingua: Sei lezioni sul razzismo*.

período de tempo.[50] Para uma criança, o lado oculto da tapeçaria não deve ser muito difícil de entender, independentemente de como a imagem na frente varia. Mas a sensação do falante de que a sua própria língua é a melhor parece ter sempre resistido a qualquer tentativa de analisar as línguas de forma racional. Até mesmo Dante já havia notado isso, embora sua observação tenha passado despercebida até hoje. Em *De vulgari eloquentia*, seu tratado incompleto em latim sobre as línguas naturais, ele escreve: "Pietramala é uma cidade muito grande, a pátria da maioria dos filhos de Adão. Quem for tão equivocado a ponto de acreditar que o lugar onde nasceu é o mais bonito sob o sol também acreditará que seu próprio *vulgar* – isto é, sua língua materna – é superior a todos os outros *vulgaris* e, por isso, deduz que sua língua tenha sido aquela usada por Adão" (Dante, *De vulgari eloquentia* VI). Para Dante, a ideia de que línguas melhores podem existir era algo *obscenus*, palavra latina que significa tanto "repulsivo" como "infeliz", mas também "ridículo". Portanto, há uma tentativa de ironia sua ao ter escolhido como

---

50 Newmeyer; Preston (eds.), *Measuring Grammatical Complexity*.

exemplo Pietramala, um vilarejo minúsculo e praticamente desconhecido, ou talvez apenas um castelo, nos Apeninos, a meio caminho entre Bolonha e Florença. Afinal, não se pode convencer uma pessoa, por meio da racionalidade, a deixar de amar outra pessoa, e a "obscenidade" de Pietramala descrita por Dante permanece um problema em aberto que a linguística não foi capaz de resolver.

A terceira contribuição de Chomsky, embora tenha sido, em certo sentido, indireta, foi abrir caminho para a análise da relação entre as estruturas formais da sintaxe e as estruturas neurobiológicas do cérebro. O desenvolvimento dessa relação nem sempre tem sido linear e, de certa forma, tem sido até mesmo contraditório. Chomsky reconheceu imediatamente uma conexão no nível psicológico: primeiro, em sua famosa controvérsia com B. F. Skinner e, depois, com Jean Piaget.[51] Já estava claro nesse estágio inicial que as crianças não podem aprender espontaneamente a sintaxe das línguas

---

51 Chomsky, Review of Skinner 1957, op. cit.; Piattelli Palmarini, *Language and Learning*.

humanas por tentativa e erro, nem sendo ensinadas, especialmente porque os adultos são incapazes de supervisionar diretamente o sistema sintático por si mesmos. Além disso, como já foi dito, toda criança adquire *qualquer* gramática em média em um *mesmo* período de tempo e independentemente da língua falada por seus pais. Para que isso seja possível, a contribuição neurobiológica que antecede a experiência deve ser válida para qualquer língua. Mas, apesar de evidências clínicas esclarecedoras (ainda que severamente limitadas), como os dados de Eric Lenneberg sobre pacientes afásicos, Chomsky era, até os primeiros anos do século XXI, abertamente cético quanto à possibilidade de que a linguística formal pudesse se comunicar com a neurociência de qualquer maneira substancial, pelo menos em relação aos avanços feitos na compreensão da sintaxe. No entanto, o advento das técnicas de neuroimagem[52] e uma geração de pesquisadores que

---

52 Embick; Poeppel, Mapping Syntax Using Imaging: Prospects and Problems for the Study of Neurolinguistic Computation, in: Brown (ed.), *Encyclopedia of Language and Linguistics*; Cappa, Imaging Semantics and Syntax, *NeuroImage* 61, n.2, jun. 2012, p. 427-31.

começaram a expandir sistematicamente os métodos e os resultados da gramática gerativa para domínios extralinguísticos forneceram uma nova leva de dados diferentes. Consequentemente, a atitude de Chomsky mudou desde então, e a base neurobiológica da sintaxe passou a ser uma questão de destaque.[53] Certamente não é mais possível investigar as bases neurobiológicas da sintaxe sem fazer referência à gramática gerativa e, de igual modo, a linguística não pode ignorar os resultados da neurociência se quiser buscar a descrição da estrutura da linguagem.[54] Essa ampliação do domínio empírico em linguística levou a dois pontos de virada centrais para o próprio desenvolvimento do programa de pesquisa formal: primeiro, o reconhecimento de que as crianças adquirem linguagem espontaneamente sem esforço, sem instruções e apenas formando um subconjunto de toda a gama de possíveis erros, apesar da pobreza do

---

[53] Chomsky, *The Generative Enterprise Revisited*; Berwick; Chomsky, *Why Only Us: Language and Evolution*; Friederici; Chomsky; Berwick; Moro; Bolhuis, Language, Mind and Brain, *Nature Human Behavior* 1, 2017, p.713-22, disponível em: <https://doi.org/10.1038/s41562-017-0184-4>. Acesso em: 14 jul. 2023.
[54] Everaert; Riemsdijk, *The Wiley Blackwell Companion to Syntax*; Friederici et al., Language, Mind and Brain.

estímulo; segundo, a incorporação de dados neurobiológicos, sejam os dados dos estudos clínicos de Lenneberg de sujeitos afásicos ou os de sujeitos sem deficiências feitos por meio de tecnologia de neuroimagem.[55] Obviamente, isso não significa que alguns projetos de pesquisa em neurolinguística modelados com a gramática gerativa não sejam culpados de simplificações notáveis: poucos projetos, por exemplo, levam em conta os princípios de localidade e de dependência sintática, concentrando-se apenas na composição estrutural e na sintaxe hierárquica, o que pode às vezes levar a conclusões muito enganosas. Um desses exemplos é a ideia de que sequências de ações são regidas pelos mesmos princípios formais que regem as sequências de palavras.[56] No entanto, o ponto crítico é bem mais profundo e radical: está claro agora que a pesquisa nessa área não pode mais se limitar a uma tentativa de correlacionar os fenômenos linguísticos com as redes que os processam (o problema do "onde"), e foi

---

55 Chomsky, *The Generative Enterprise Revisited*.
56 Moro, On the Similarity between Syntax and Actions, op. cit., p.109-10; e também Response to Pulvermueller: The Syntax of Actions and Other Metaphors, op. cit., p.221.

o uso da tecnologia de neuroimagem que permitiu esse avanço. Também ficou definitivamente demonstrado não apenas que existem limites para Babel, mas que esses limites estão presentes no próprio corpo; na verdade, esses limites acabam sendo a expressão da arquitetura neurobiológica do cérebro, revertendo a visão estabelecida há 2 mil anos, ao afirmar que *a carne se tornou logos*, linguagem. Mais explicitamente, as técnicas de neuroimagem demonstraram, sem qualquer dúvida razoável, a existência de "línguas impossíveis" – i.e., sistemas gramaticais que podem ser consistentes, completos e talvez até simples por natureza, mas que não atendem aos requisitos formais específicos da linguagem humana e, como tais, simplesmente não são reconhecidos como dados linguísticos e não são processados pelas redes naturais da linguagem. De forma mais precisa, foi demonstrado que a sintaxe de todas as línguas naturais, surpreendentemente, ignora a ordem linear das palavras, o único fato incontestável e baseado na realidade física da linguagem. De fato, os princípios sintáticos não são lineares; eles são baseados na estrutura hierárquica que resulta de regras recursivas binárias combinatórias.[57] Essa conquista, contudo, é apenas a premissa lógica para uma tarefa mais complexa: superar o problema do "onde" e tentar decifrar o código eletrofisiológico com o qual os neurônios trocam e processam informações linguísticas – o problema do *o quê*; esse objetivo é particularmente difícil, certamente, uma vez que os sinais cerebrais contêm mais do que apenas informações sintáticas e incluem a representação sonora em áreas não acústicas do cérebro, como a área de Broca, até mesmo durante a fala interna (ou, em termos técnicos, atividade endofásica).[58] O fato é que esse salto do "problema do *onde*" para o "problema do *o quê*" é difícil, não apenas pelos óbvios problemas técnicos envolvidos que poderiam potencialmente ser resolvidos em um período de tempo razoável;[59] esse salto pode levar

---

57 Moro, *Impossible Languages*.
58 Magrassi et al., Sound Representation in Higher Language Areas during Language Generation, *Proceedings of the National Academy of Sciences* 112, n.6, 2015, p.1868-73; Moro, *Impossible Languages*; Artoni et al., High Gamma Response Tracks Different Syntactic Structures in Homophonous Phrases, *Nature Scientific Reports* 10, 2020, p.7537.
59 Um desses obstáculos técnicos é a necessidade de um dispositivo que possa fornecer um registro abrangente e menos invasivo da atividade elétrica dos neurônios.

a dificuldades teóricas potencialmente intransponíveis. Mesmo a desejada solução para o chamado problema das diferenças de "granularidade" entre os elementos primitivos da linguagem e os de sua estrutura neurobiológica pode não ser suficiente para abrir o caminho necessário. Esse problema, levantado por David Poeppel, é desafiador e interessante: numa primeira aproximação, o problema da granularidade consiste no fato de que a distância estrutural entre dois elementos primitivos de dois domínios diferentes, digamos uma palavra e um neurônio, é incomensurável – e nenhuma analogia experimental pode ser estabelecida entre eles. Mas o verdadeiro problema, que está começando a emergir cada vez mais claramente, é que não apenas a linguística ainda não está pronta para esse tipo de unificação, como a neurociência também pode não estar. Esse cenário é delicado e obscuro, distante da propaganda dos "comerciais de conteúdo científico", e Chomsky tem lhe dado atenção especial, comparando-o com outros momentos cruciais do desenvolvimento da ciência: aquele ocorrido na física na época de Newton, por exemplo, quando se estabeleceu uma compreensão dos fenômenos gravitacionais, ou com a interpretação quântica dos fenômenos químicos que ocorreu no século XX.[60] Quando duas disciplinas se encontram, uma mudança que possa levar à unificação nunca é unilateral, e isso certamente se aplica à linguística formal e à neurobiologia do cérebro. Se a neurolinguística emergisse como uma disciplina independente, isso aconteceria apenas por meio da combinação de uma nova linguística e uma nova neuropsicologia – e não por meio da absorção da primeira pela segunda. Na ciência, reduções unilaterais – "anexação epistemológica", pode-se dizer – não fazem sentido, ou são apenas propaganda.

Os temas aqui delineados de forma sintética e superficial não esgotam de forma alguma o domínio da linguística: a linguagem é um universo, e é um universo em constante mudança. Continentes inteiros foram deixados de lado na discussão precedente, cujos limites, restritos às regiões da sintaxe, não são estáveis: a semântica formal, por exemplo, está atualmente passando por uma transformação

---

60 Salam, *The Unification of Fundamental Forces*.

extraordinária, seguindo as mesmas coordenadas metodológicas que Chomsky havia estabelecido para a sintaxe (afinal, o termo "sintaxe" tem mais de 2 mil anos, enquanto "semântica" foi criado em 1897 por Michel Bréal);[61] a morfologia está hoje sendo radicalmente reconceitualizada;[62] e o mesmo pode ser dito sobre a fonologia e a pragmática.[63] Além disso, os mecanismos subjacentes à mudança linguística ao longo do tempo permanecem essencialmente além de nossa compreensão, não por causa da mudança em si – se não houvesse mudança, isso sim seria surpreendente –, mas porque não conseguimos prever quais serão as mudanças que acontecerão. As línguas são como geleiras: nós caminhamos sobre elas, elas se

---

61 Chierchia, *Logic in Grammar*; Vender et al., Disentangling Sequential from Hierarchical Learning in Artificial Grammar Learning: Evidence from a Modified Simon Task, *PLOS ONE* 15, n.5, 2020, p.1-26.

62 Halle; Marantz, Distributed Morphology and the Pieces of Inflection, in: Hale; Keyser (eds.), *The View from Building 20*, p.111-76; Kayne, What Is Suppletion? On *Goed and on *Went in Modern English, in: Vincent; Plank (eds.), The Diachrony of Suppletion, número especial, *Transactions of the Philological Society*, 117, n.3, 2019, p.434-54.

63 Calabrese, *Markedness and Economy in a Derivational Model of Phonology*; Nevins, *Locality in Vowel Harmony*; Oostendorpo (ed.), *Blackwell Companion of Phonology*; Allott; Wilson, Chomsky and Pragmatics, in: Allot; Lohndal; Rey (eds.), *A Companion to Chomsky*. New York: Wiley, 2021.

movem, mas não reconhecemos esse movimento até perceber a mudança na paisagem ao nosso redor. Em síntese: as mudanças são quase imprevisíveis, especialmente as mudanças na sintaxe.[64] Se esse domínio movediço e ainda bastante obscuro da linguística, no qual cultura e história desempenham papéis importantes, permanece obscuro, ainda assim foi possível traçar uma distinção nítida e fundamental entre a *evolução* da linguagem e a *mudança* linguística: as línguas não evoluíram, elas mudaram, como variações de um tema único. Dizer que as línguas evoluíram seria como dizer que o rosto de uma filha é mais evoluído do que o de sua mãe – uma conclusão claramente inconsistente. Essa distinção é também um dos resultados da nova forma de ver a linguagem originalmente introduzida por Chomsky. Finalmente, se quisermos evitar uma visão simplista e fundamentalmente falsa da linguística contemporânea e, em última instância, da linguagem como um todo, devemos presumir que todo tipo

---

[64] Longobardi; Roberts, Universals, Diversity and Change in the Science of Language: Reaction to "The Myth of Language Universals and Cognitive Science", *Lingua* 120, n.12, 2010, p.2699-703.

de dado empírico é pertinente: dos dados históricos e diacrônicos aos dados sincrônicos, dos dados sociolinguísticos aos estilísticos, dos dados deduzidos a partir de análise de *corpora* aos dados literários, dos dados relativos à aquisição aos dados de afásicos, dos dados genéticos aos paleontológicos, dos dados matemáticos e lógicos aos neurofisiológicos – e até físicos, se incluirmos o trabalho que está sendo feito na estrutura ondulatória do código eletrofisiológico da linguagem.[65] Essa capacidade de incluir todos os tipos de dados empíricos no domínio da observação, sem viés ideológico, também é característica do método inaugurado por Chomsky. Contudo, ele acrescenta cautela a essa mentalidade aberta, evocando o lema encantador, mas necessário, de Emil du Bois-Reymond: *ignorabimus*.[66] Chomsky admite explicitamente que, em comparação com os mistérios que se podem razoavelmente esperar ver resolvidos de forma relativamente rápida com o avanço da tecnologia, também podem

---

65 Moro, *Impossible Languages*.
66 Bois-Reymond, The Limits of Our Knowledge of Nature, *Popular Science Monthly* 5, 1874, p.17-32.

permanecer mistérios para sempre inacessíveis aos humanos, como a "questão do *big bang*", de como a linguagem teria se originado em nossa espécie.[67]

Algumas observações para concluir estas notas sobre o impacto de Noam Chomsky na teoria da sintaxe nas línguas humanas: a inclusão da sintaxe entre as ciências empíricas, o desenvolvimento de um formalismo dedicado à sintaxe e a medição dos correlatos neurais dos fenômenos sintáticos convergem para um duplo objetivo: a identificação das "fronteiras de Babel" e sua naturalização, ou seja, entender os limites da variação sintática como expressão da estrutura neurobiológica do cérebro. Enfatizo *os limites* porque é fundamental notar que se trata apenas de captar, em certo sentido, o perímetro dessas fronteiras, e não o que elas contêm e quais mudanças acontecerão; isso fica para um nível de análise que inclui história, cultura e, em última análise, a própria criatividade.

Metáforas à parte, a tarefa da linguística contemporânea não é tanto classificar as línguas possíveis, mas, antes, caracterizar o que constituem *línguas impossíveis*, isto é,

---

[67] Moro, *I Speak, Therefore I Am*.

identificar os limites da variação das formas linguísticas *dentro* de uma língua e *entre* línguas – e é aqui que os experimentos neurobiológicos se tornam essenciais. Essa visão da linguagem humana, que de certo modo foi subvertida quando mudou de línguas possíveis para línguas impossíveis e foi ancorada na neurobiologia do cérebro, era inimaginável não apenas há quinhentos anos, mas até mesmo há apenas cinquenta anos. É uma visão que implica conceber o que é a "mente básica linguística", da qual todos os humanos – e somente os humanos – são dotados.

O que restará da linguística contemporânea daqui a quinhentos anos? Podemos não ter uma resposta clara, mas, se estamos em posição de formular novas questões para o futuro, para a essência da ciência, certamente devemos isso à visão revolucionária de Noam Chomsky sobre a linguagem.[68]

*Andrea Moro*

---

[68] Quaisquer erros ou omissões neste posfácio são de minha responsabilidade, mas o número reduzido deles certamente se deve à crítica construtiva de Noam Chomsky e à revisão multidimensional do texto feita por Marc Lowenthal, que apagou de minha própria escrita todos os vestígios de línguas impossíveis. Devo agradecimentos especiais também a Judith Feldmann, por ter feito uma revisão precisa do meu inglês, o que tornou meus pensamentos muito mais claros (e os erros também).

# Referências bibliográficas

ALLOTT, Nicholas; WILSON, Deirdre. Chomsky and Pragmatics, in: ALLOTT, N.; LOHNDAL, T.; REY, G. (eds.). *A Companion to Chomsky*. New York: Wiley, 2021.

ARTONI, Fiorenzo et al. High Gamma Response Tracks Different Syntactic Structures in Homophonous Phrases, *Nature Scientific Reports*, n.10, 2020, p.7537.

BAR-HILLEL, Yehoshua (ed.). *Logic Methodology and Philosophy of Science*: Proceedings of the 1964 International Congress. Amsterdam: North-Holland, 1965.

BOIS-REYMOND, Emil du. The Limits of Our Knowledge of Nature, *Popular Science Monthly*, n.5, 1874, p.17-32.

BOLHUIS, Johan J. et al. Meaningful Syntactic Structure in Songbird Vocalizations?, *PLOS Biology* 16(6), 2018, e2005157.

BECKERS, Gabriel J. L. et al. Birdsong Neurolinguistics: Songbird Context-Free Grammar Claim Is Premature, *NeuroReport*, n.23, 2012.

BELLETTI, Adriana. *Generalized Verb Movement*. Turin: Rosenberg & Sellier, 1990.

BERWICK, Robert C.; CHOMSKY, Noam. *Why Only Us*: Language and Evolution. Cambridge, MA: MIT Press, 2015. [Ed. bras.: *Por que apenas nós?*: Linguagem e evolução. Trad. Luisandro Mendes Souza e Gabriel de Ávila Othero. São Paulo: Editora Unesp, 2017.

CALABRESE, Andrea. *Markedness and Economy in a Derivational Model of Phonology*. Berlin: Mouton de Gruyter, 2005.

CAPPA, Stefano F. Imaging Semantics and Syntax, *NeuroImage* 61, n.2, jun. 2012, p.427-31.

CAUMAN, Leigh S.; LEVI, Isaac; PARSONS, Charles D.; SCHWARTZ, Robert (eds.). *How Many Questions?* Essays in Honor of Sidney Morgenbesser. Indianapolis: Hackett, 1983.

CHANGEUX, Jean-Pierre. *L'homme neuronal*. Paris: Fayard, 1983.

CHANGEUX, Jean-Pierre. *Neuronal Man*: The Biology of Mind. Trad. Laurence Garey. New York: Pantheon Books, 1985.

CHANGEUX, Jean-Pierre; COURREGE, Philippe; DANCHIN, Antoine. A Theory of the Epigenesis of Neuronal Networks by Selective Stabilization of Synapses, *Proceedings of the National Academy of Science PNAS* 70, n.10, 1973.

CHIERCHIA, Gennaro. *Logic in Grammar*: Polarity, Free Choice, and Intervention. Oxford: Oxford University Press, 2013.

CHOMSKY, Noam. Three Models for the Description of Grammar, *IRE Transaction on Information Theory* IT-2, 1956.

CHOMSKY, Noam. A Review of B. F. Skinner's Verbal Behavior, *Language* 35, 1959, p. 26-57.

CHOMSKY, Noam. Review of Skinner 1957, *Language* 35, 1959.

CHOMSKY, Noam. *Aspects of the Theory of Syntax*. Cambridge, MA: MIT Press, 1965.

CHOMSKY, Noam. *Lectures on Government and Binding*. Berlin: De Gruyter, 1981.

CHOMSKY, Noam. *The Minimalist Program*. Cambridge, MA: MIT Press, 1995. [Ed. bras.: *O programa minimalista*. São Paulo: Editora Unesp, 2021.]

CHOMSKY, Noam. *The Generative Enterprise Revisited*. Berlin: Mouton de Gruyter, 2004.

CHOMSKY, Noam. Problems of Projection, *Lingua*, n.130, 2013, p.33-49.

CHOMSKY, Noam. *Il mistero del linguaggio*: Nuove prospettive. Milan: Raffaello Cortina Editore, 2018.

CHOMSKY, Noam; GALLEGO, Angel J.; Ott, Dennis. Generative Grammar and the Faculty of Language: Insight, Questions and Challenges, *Catalan Journal of Linguistics, Special issue*, 2019.

CINQUE, Guglielmo; RIZZI, Luigi. The Cartography of Syntactic Structures, in: HEINE, B.; NARROG, H. (eds.). *Oxford Handbook of Linguistic Analysis*. Oxford: Oxford University Press, 2009.

CORBALLIS, Michael C. *From Hand to Mouth*: The Origins of Language. Princeton: Princeton University Press, 2003.

DELFITTO, Denis. Linguistica chomskiana e significato: Valutazioni e prospettive, *Lingue e Linguaggio*, n.2, 2002, p.197-236.

EMBICK, David; POEPPEL, David. Mapping Syntax Using Imaging: Prospects and Problems for the Study of Neurolinguistic Computation, in: BROWN, Keith. *Encyclopedia of Language and Linguistics*. 2.ed. Amsterdam: Elsevier, 2005.

EVERAERT, Martin; van Riemsdijk, Henk C. (eds.). *The Wiley Blackwell Companion to Syntax*. 2.ed. London: Wiley Blackwell, 2017.

FRIEDERICI, Angela et al. Language, Mind and Brain, *Nature Human Behavior* 1, 2017, p.713-22.

Disponível em: <https://doi.org/10.1038/s41562-017-0184-4>. Acesso em: 14 jul. 2023.

GENTY, Emilie; BYRNE, Richard W. Why Do Gorillas Make Sequences of Gestures? *Animal Cognition* 13, 2010. Disponível em: <https://doi.org/10.1007/s10071-009-0266-4>.

GRAFFI, Giorgio. *200 Years of Syntax*: A Critical Survey. Amsterdam: John Benjamins, 2001.

HALLE, Morris; MARANTZ, Alec. Distributed Morphology and the Pieces of Inflection, in: HALE, K.; KEYSER, S. J. (eds.). *The View from Building 20*. Cambridge, MA: MIT Press, 1993, p.111-76

HAMP, Eric P.; JOOS, Martin; HOUSEHOLDER, Fred W.; AUSTERLITZ, Robert. *Readings in Linguistics I and II*. Chicago: University of Chicago Press, 1995.

KAYNE, Richard S. *Connectedness and Binary Branching*. Dordrecht: Foris, 1984.

KAYNE, Richard S. *The Antisymmetry of Syntax*. Cambridge, MA: MIT Press, 1994.

KAYNE, Richard S. What Is Suppletion? On \**Goed* and on *Went* in Modern English, in: VINCENT, N.; PLANK, F. (eds.). The Diachrony of Suppletion, número especial, *Transactions of the Philological Society* 117, n.3, 2019, p.434-54.

LASHLEY, Karl S. The Problem of Serial Order in Behavior, in: JEFFRESS, L. A. (ed.). *Cerebral Mechanisms in Behavior*. New York: Wiley, 1951.

LENNENBERG, Eric. *Biological Foundations of Language*. New York: Wiley, 1967.

LEPSCHY, Giulio C. *La linguistica del Novecento*. Bologna: Il Mulino, 2000.

LONGOBARDI, Giuseppe; ROBERTS, Ian. Universals, Diversity and Change in the Science of Language: Reaction to "The Myth of Language Universals and Cognitive Science", *Lingua* 120, n.12, 2010, p.2699-703.

MAGRASSI, Lorenzo et al. Sound Representation in Higher Language Areas during Language Generation, *Proceedings of the National Academy of Sciences* 112, n.6, 2015, p.1868-73.

MANZINI, Maria Rita. *Locality*. Cambridge, MA: MIT Press, 1992.

MEHLER, Jacques. Connaitre par desapprentissage, in: MORIN, Edgar; PIATTELLI-PALMARINI, Massimo (eds.). *L'Unité de l'Homme 2*: Le Cerveau Humain. Paris: Editions du Seuil, 1974.

MORO, Andrea. Per una teoria unificata delle frasi copulari, *Rivista di Grammatica Generativa*, n.13, 1988.

MORO, Andrea. *The Raising of Predicates*. Cambridge: Cambridge University Press, 1997.

MORO, Andrea. *Dynamic Antisymmetry*. Cambridge, MA: MIT Press, 2000.

MORO, Andrea. On the Similarity between Syntax and Actions, *Trends in Cognitive Sciences*, v.18, n.3, 2014.

MORO, Andrea. Response to Pulvermueller: The Syntax of Actions and Other Metaphors, *Trends in Cognitive Sciences*, v.18, n.5, 2014.

MORO, Andrea. *The Boundaries of Babel*: The Brain and the Enigma of Impossible Languages, 2nd ed. Cambridge, MA: MIT Press, 2015.

MORO, Andrea. *Impossible Languages*. Cambridge, MA: MIT Press, 2016.

MORO, Andrea. *I Speak, Therefore I Am*: Seventeen Thoughts about Language. Trad. Ian Roberts. New York: Columbia University Press, 2016.

MORO, Andrea. *A Brief History of the Verb To Be*. Cambridge, MA: MIT Press, 2018.

MORO, Andrea. *Il segreto di Pietramala*. Milan: La nave di Teseo, 2018.

MORO, Andrea. *La razza e la lingua*: Sei lezioni sul razzismo. Milan: La nave di Teseo, 2019.

MUSSO, M. et al. Broca's Area and the Language Instinct, *Nature Neuroscience*, n.6, 2003, p.774-81.

NEVINS, Andrew. *Locality in Vowel Harmony*. Cambridge, MA: MIT Press, 2010.

NEWMEYER, Frederick; PRESTON, Laurel B. (eds.). *Measuring Grammatical Complexity*. Oxford: Oxford University Press, 2014.

OOSTENDORPO, Marc von (ed.). *Blackwell Companion of Phonology*. Oxford: Blackwell, 2011.

PARTEE, Barbara H.; MEULEN, Alice ter; WALL, Robert E. *Mathematical Models in Linguistics*. Dordrecht: Kluwer Academic, 1990.

PERRIN, Jean. *Les atoms*. Paris: Alcan, 1913.

PIATTELLI-PALMARINI, Massimo (ed.). *Language and Learning*: The Debate between Jean Piaget and Noam Chomsky. Cambridge, MA: Harvard University Press, 1980.

PIATTELLI-PALMARINI, Massimo. Evolution, Selection and Cognition: From "Learning" to Parameter Setting in Biology and the Study of Language, *Cognition* 3, 1989.

PIKE, Kenneth L. Taxemes and Immediate Constituents, *Language* 19, 1943.

POLLOCK, Jean-Yves. Verb Movement, UG, and the Structure of IP, *Linguistic Inquiry*, n.20, 1989.

RIZZI, Luigi. The Discovery of Language Invariance and Variation, and Its Relevance for the Cognitive Sciences, *Behavioral and Brain Sciences*, n.32, 2009.

RIZZI, Luigi. Labeling, Maximality and the Head--Phrase Distinction, *Linguistic Review* 33, n.1, 2016.

ROBERTS, Ian. From Rules to Constraints, *Lingua e stile* 23, 1988.

SALAM, Abdus. *The Unification of Fundamental Forces*. Cambridge: Cambridge University Press, 1990.

SCHLENKER, Philippe et al. Formal Monkey Linguistics, *Theoretical Linguistics* 42, n.1-2, 2016.

SHANNON; Claude E.; WEAVER, Warren. *The Mathematical Theory of Communication*. Urbana: University of Illinois Press, 1949.

SKINNER, B. F. *Verbal Behavior*. New York: Prentice Hall, 1957. [Ed. bras.: *O comportamento verbal*. Trad. Maria da Penha Villalobos. São Paulo: Cultrix / Edusp, 1978.]

TERRACE, Herbert S. et al. Can an Ape Create a Sentence? *Science* 206, n.4421, 1979.

TETTAMANTI, H. et al. Neural Correlates for the Acquisition of Natural Language Syntax, *NeuroImage*, n.17, 2002, p.700-9.

TURING, Alan M. Computing Machinery and Intelligence, *Mind*, n.59, 1950, p.433-60, 442.

TURING, Alan M. The Chemical Basis of Morphogenesis, *Philosophical Transactions of the Royal Society of London, Series G: Biological Sciences*, 237, n.641, 1952, p.37-72.

VENDER, Maria et al. Disentangling Sequential from Hierarchical Learning in Artificial Grammar Learning: Evidence from a Modified Simon Task, *PLOS ONE* 15, n.5, 2020, p.1-26.

YANG, Charles D. Universal Grammar, Statistics or Both? *Trends in Cognitive Science (TICS)*, v.8, n.10, 2004.

SOBRE O LIVRO

*Formato*: 12 x 21 cm
*Mancha*: 19 x 39,5 paicas
*Tipologia*: Iowan Old Style 12/17
*Papel*: Off-white 80 g/m² (miolo)
Cartão Supremo 250 g/m² (capa)
*1ª edição Editora Unesp*: 2023

EQUIPE DE REALIZAÇÃO

*Capa*
Marcelo Girard

*Edição de texto*
Rita Ferreira (Copidesque)
Carmen T. S. Costa (Revisão)

*Editoração eletrônica*
Sergio Gzeschnik (Diagramação)

*Assistência editorial*
Alberto Bononi
Gabriel Joppert

Rua Xavier Curado, 388 • Ipiranga - SP • 04210 100
Tel.: (11) 2063 7000 • Fax: (11) 2061 8709
**rettec@rettec.com.br** • www.rettec.com.br